纤维基吸附材料制备及在水处理中的应用

殷玮琰　陈　瑛　余军霞　周　芳　董博文　著

中国建设科技出版社有限责任公司
China Construction Science and Technology Press Co., Ltd.
北　京

图书在版编目（CIP）数据

纤维基吸附材料制备及在水处理中的应用/殷玮琰等著．--北京：中国建设科技出版社有限责任公司，2024.12. -- ISBN 978-7-5160-4296-0

Ⅰ.TU991.2

中国国家版本馆 CIP 数据核字第 202483EH33 号

内 容 简 介

本书以纤维基吸附材料的制备及对水体中不同污染物的去除效能为主线，总结了相关研究成果；同时，探讨了吸附材料的合成原理和方法、构效关系、再生效果和其他相关性原理，阐明了不同工艺条件对水中污染物去除效能的影响规律，最终可实现纤维基吸附材料对水中污染物的高效、选择性去除。

本书可作为高等院校资源循环科学与工程、环境科学与工程等专业本科生的辅导教材，也可供从事纤维基环境功能材料研究、应用和生产领域的相关专业技术人员参考使用。

纤维基吸附材料制备及在水处理中的应用
XIANWEIJI XIFU CAILIAO ZHIBEI JI ZAI SHUICHULI ZHONG DE YINGYONG
殷玮琰　陈　瑛　余军霞　周　芳　董博文　著

出版发行：中国建设科技出版社有限责任公司
地　　址：北京市西城区白纸坊东街 2 号院 6 号楼
邮　　编：100054
经　　销：全国各地新华书店
印　　刷：北京印刷集团有限责任公司
开　　本：710mm×1000mm　1/16
印　　张：9
字　　数：170 千字
版　　次：2024 年 12 月第 1 版
印　　次：2024 年 12 月第 1 次
定　　价：58.00 元

本社网址：www.jskjcbs.com，微信公众号：zgjskjcbs

本书如有印装质量问题，由我社事业发展中心负责调换，联系电话：（010）63567692

前　言

随着全球人口的不断增长和工业的快速发展，工业生产和人们日常生活产生的废水大量排入水体，严重危害人类健康和生态环境，水处理已成为全世界关注的问题。水处理的方法有很多，如吸附、沉淀或过滤等。其中，吸附技术以高效、低成本、易操作等优点成为废水处理的首选技术，而吸附剂的选择至关重要。

纤维基吸附剂作为一种新型水处理材料，具有比表面积大、机械强度高、可功能化的基团多等优点，在废水处理领域具有广阔的应用前景。为了提高纤维基吸附剂对水体中污染物的特异性去除功能，以及协同去除废水中多种类型的污染物，对纤维表面进行功能化改性引入新的官能团或与其他材料复合以扩展纤维吸附剂更多的应用领域十分必要。基于此，本书以天然纤维和合成纤维为原料，利用化学改性手段，在纤维表面引入活性官能团和纳米材料，成功制备了改性纤维基吸附剂，用于对重金属废水、有机染料废水和复合污染废水的净化。

本书系统地探讨了纤维基复合材料用于污染物去除的基本规律，阐述了吸附材料结构控制和性能调控的方法，全面概括了纤维吸附剂的多种改性方式，深入解析了改性方法、材料性能、污染物去除之间的相互关系，提出了纤维基吸附材料构建及在水处理应用中有待解决的科学问题。本书第1～5章由武汉纺织大学化学与化工学院殷玮琰老师撰写，第6～7章由武汉市黄陂区职业技术学校陈瑛老师撰写，本书在编写和出版过程中还得到了武汉工程大学余军霞老师、周芳老师和博士研究生董博文的帮助，在此一并致谢。

本书得到了武汉纺织大学学术著作出版基金的资助支持。本书的研究工作得到了国家自然科学基金（项目编号：52474298、U24A20557）、湖北省自然科学基金（项目编号：2024AFD146）和湖北三峡实验室开放基金（项目编号：SK232002）等项目的资助。

由于笔者研究领域和学识有限，书中可能会存在一些疏漏与不妥之处，诚请读者批评指正。

著　者

2024年8月

目　录

1　绪　论

1.1　水体污染的概述

1.1.1　水体中重金属的概述

近年来，人类活动对生态环境的影响加剧，排放后的重金属离子可通过地表径流等方式向周边水体扩散，不仅危害水环境中的水生生物，而且可通过食物链进入人体，危害人体健康。近年来，国内水体出现重金属污染现象，多种重金属含量呈现逐步增加趋势，主要典型污染元素有 Zn、Pb、Cd、Cu、Cr 等，特别是靠近工矿业、城市和经济发达地区的水域，重金属污染现象相对严重，重金属在水中不能被分解，且能与水中的其他有害物质结合生成毒性更大的有机物，在水体环境科学研究中受到关注。

1.1.2　水体中染料的概述

各种有机和无机污染物以及有害生物病原体是造成水污染的主要原因。其中，有机污染物（染料、抗生素、洗涤剂、杀虫剂等）是一大类剧毒化学物质，相比于传统的金属离子等无机污染物，这些有机污染物具有更大的分子尺寸，随着工业和生活废水的排放广泛存在于水体环境中，难以降解，并对人体有着各种危害。

1.2　水处理技术的归类

为了解决水体中重金属和染料带来的危害，人们做出了各种各样的尝试。目前常见的重金属和染料去除手段包括膜分离、絮凝、离子交换、电化学、化学沉淀法、生物降解、氧化工艺和吸附等，这些去除方法各有优劣。

1.2.1　膜分离法

膜分离技术是一种以分离膜为核心，进行分离、浓缩和物质提纯的一门新兴技术。该技术是一种使用半透膜的分离方法，由于膜分离操作一般在常温下进行，被分离物质能保持原来的性质，膜分离是制作膜状材料将染料颗粒与水体分离的技术，这种方法可以高效去除有机物，但是通常来说膜的寿命较短，会增加经济成本。

1.2.2 絮凝法

絮凝法又称凝聚法，是向污水中投加一定比例的絮凝剂，在污水中生成亲油性的絮状物，使微小油滴吸附于其上，然后用沉降或气浮的方法将油分离去除。混凝是将混凝诱导剂添加到废水中，使得染料颗粒聚集在一起然后通过过滤等手段去除污染团块的技术。

1.2.3 离子交换法

离子交换是溶液中的离子与某种离子交换剂上的离子进行交换的作用或现象，是借助于固体离子交换剂中的离子与稀溶液中的离子进行交换，以达到提取或去除溶液中某些离子的目的，是一种属于传质分离过程的单元操作。

1.2.4 电化学法

电化学方法是研究化学能和电能的相互转化关系以及转化过程中有关现象和规律的方法。

1.2.5 化学沉淀法

化学沉淀法投加化学剂，使水中需要去除的溶解物质转化为难溶物质而析出的水处理方法。

1.2.6 生物降解法

生物降解是通过真菌、细菌、藻类等生物质分解/消耗染料分子，这种方法在经济上很具有吸引力，但是对于外部环境要求严格，过程比较缓慢且需要占用相当面积的土地，因此也没有进行大范围的推广。

1.2.7 氧化工艺法

氧化工艺通过添加对应的氧化剂可以将复杂的染料分子分解成无毒的小分子甚至是二氧化碳和水，并且在过程中可以添加催化剂，进一步优化工艺。氧化法快速高效，但是需要大量消耗化学试剂和电力，成本很高，方案灵活性较差。

1.2.8 吸附法

吸附是非反应的传质过程，在该过程内目标吸附质从液体或气体中积累或吸附至固相，被广泛应用于水体处理、气体净化等领域。其操作简单，成本低，效率高，不产生二次污染，虽然存在部分吸附剂再生成本较高、分离不便等方面的问题，但仍作为最有潜力的去除手段而获得了最广泛的关注。

1.3 吸附及吸附剂的研究现状

1.3.1 吸附的概述

吸附在化学化工等领域有着至关重要的作用，开发绿色、低成本的高效吸附材料是未来吸附分离的重要发展方向。吸附是一种表面现象，通过颗粒内扩散将分子吸附到吸附剂表面的活性位点上，然后分子进一步分布到吸附剂的内部孔隙中，是水净化的首选方法。

1.3.2 吸附剂的划分

在样品制备技术中，吸附剂的性质很大程度上决定了其性能，是确保选择性萃取和获得有效吸附的关键因素。选择吸附剂时必须考虑分析物和样品基质的性质，以避免分析物和吸附剂之间发生反应。

1.3.3 聚合物吸附剂

聚合物吸附剂是含有明确的交联剂的有机聚合物（通常是含有胺基或磺酸基）的聚苯乙烯。它们具有亲脂性骨架和亲水功能。为了提高吸附剂对目标化合物的能力和选择性，聚合物吸附剂通常通过接枝各种（离子交换或螯合）官能团进行修饰，多孔结构和聚合物及其形貌影响其吸附特性。

（1）离子印迹聚合物（IIPs）是一种非多孔材料，其方法是在金属离子存在的情况下，通过双功能剂与线性链聚合物交联，然后将印迹浸出。功能化聚合物框架与稀土元素之间的特定相互作用可以为吸附剂对目标离子提供必要的选择性。在过去的几年里，这类材料获得了大量的关注。考虑到不同稀土元素的化学行为非常相似，IIPs 的吸附选择性只能通过其化学功能化来实现。

（2）多孔有机聚合物（POPs），包括共价有机框架（COFs），是最先进的聚合物吸附剂。持久性有机污染物是基于网状化学原理，由碳和聚合物的异质元素（B、O、N、S 和 P）之间的强共价键形成的。讨论了持久性有机污染物的吸附特性及去除机理，持久性有机污染物的一个关键优点是其高吸附能力。

（3）螯合树脂，从最近发表的几篇以树脂为载体制备吸附剂的文章可以看出，苯乙烯-二乙烯基苯等树脂的优点是其在酸性介质中具有稳定性。此外，由于亲脂性，树脂对疏水化学物质具有良好的亲和力，树脂的这些特性对制备吸附剂至关重要。

1.3.4 硅基吸附剂

硅基吸附剂与印迹聚合物、树脂和持久性有机污染物相比的显著优点在于其机械强度、抗辐射性和高传质率。此外，它们在有机溶剂中也不会膨胀，其主要缺点是硅基吸附剂在碱性和高酸性介质中的吸附能力较小，稳定性较差，这限制了其在从酸性废物中回收稀土元素方面的应用。

1.3.5 磁性吸附剂

必须考虑到，基于磁铁矿基的磁性纳米颗粒（MNPs）只有在 pH>4 的水溶液中才具有化学稳定性。因此，除了磁铁矿纳米晶体表面积小而导致吸附能力低外，由于稀土元素（REEs）脱附过程中金属（Fe）浸出，颈状 MNPs 难以重复使用，而 REE 脱附通常是由酸进行的。出于这个原因，磁芯 MNPs 通常受到聚合物或多孔（以扩大表面积）壳层的保护，这个外壳也被用作固定所需的官能团的支撑。

MNPs@SiO_2：磁性核壳材料通常是在溶胶-凝胶技术下利用功能硅烷为壳制备的。SiO_2 是 MNPs 表面涂覆的合适材料，可以提高 MNPs 在水介质中的稳定性，防止 MNPs 氧化，扩大磁性纳米颗粒的比表面积。

MNPs@聚合物：不同的聚合物可以代替 SiO_2 作为磁性吸附剂的外壳。

1.3.6 金属有机框架（MOFs）

金属有机框架（MOFs）是近年来研究的又一类潜在吸附剂材料，多孔配位聚合物 MOFs 作为稀土元素回收的吸附剂具有一些显著优点，特别是具有较高的吸附能力和选择性。与 POPs 类似，MOFs 可以从多齿状配体中获得，它们能够与 REEs 发生特异性的相互作用。与 IIPs 类似，MOFs 的孔径从超微孔（0.3nm）到大孔（300nm），可以通过晶体工程方法在合成时进行调整。MOFs 的这些特性保证了它们对 REEs 的选择性，由于官能团（同时是 MOFs 的结构元素）的高表面密度和微孔形态，MOFs 具有较高的表面积（3500m^2/g 以上），提供了较高的传质率和吸附能力，然而 MOFs 的一个主要缺点是它们在酸性介质中的稳定性较低。

1.3.7 碳基纳米材料

近年来，碳基纳米材料（CNMs）如石墨烯、氧化石墨烯、碳纳米管、碳纳米纤维、碳点等受到越来越多的关注，CNMs 具有巨大的比表面积（约 $3600m^2/g$），并且在酸性和碱性介质中高度稳定。一些 CNMs 具有多种含氧官能团，如羟基、碳基和羧基，它们可以结合 REEs 离子，CNMs 的官能团可用于目标选择性配体的进一步修饰和固定化。

石墨烯和氧化石墨烯：氧化石墨烯（GO）是石墨烯的一种氧化衍生物，主要由碳、氧和氢原子组成。氧化石墨烯具有与石墨烯相似的基本骨架，但具有羧基、羟基、环氧基等含氧官能团，使其具有良好的亲水性，能够与金属离子相互作用，从而富集和分离水相中的金属离子。为了提高石墨烯的吸附效率，人们发展了多种石墨烯改性方法。

碳纳米管：采用微乳液和原位氧化聚合方法制备的聚邻甲苯胺/羧基功能化多壁碳纳米管（MWCNT）纳米线，对海水、自来水、饮用水和工业废水样品中的 Ce^{3+} 阳离子进行超灵敏检测。

1.3.8 生物吸附剂

低成本的天然材料，如微生物的非活性或死亡生物量、农业废物和工业副产品，可用于去除污染物。特别是植物和农产品的废弃物，如玉米棒芯、柑橘皮、稻皮（或稻壳）、米糠、木屑、麦麸、小麦壳、甘蔗渣、椰子壳、香蕉茎、大麦壳、榛子壳、核桃壳、棉籽壳、大豆壳、向日葵茎和树皮等，作为潜在的吸附剂已被广泛研究，这种类型的吸附剂通常被称为绿色或生物吸附剂。生物吸附过程被认为是提取各种污染物和高需求和/或高附加值金属的一种替代方法。

生物质：作为稀土元素的绿色吸附剂成功应用的另一个例子是失活或死亡的微生物，微生物或微生物材料，如马尾藻、多囊马尾藻、铜绿假单胞菌、酿酒酵母菌、法国梧桐、假单胞菌、土耳其松、大肠杆菌、嗜氮副球菌、腐坏施瓦纳菌和粪产碱杆菌作为提取 REEs 的生物吸附剂。

1.4 吸附剂的国内外研究现状

1.4.1 影响吸附的因素

在环境修复方面，吸附技术被广泛用于去除水中某些类型的化学污染物，特别是那些实际上不受传统生物废水处理影响的污染物。人们发现吸附法在设计的灵活性和简单性、初始成本、对有毒污染物不敏感和易于操作等方面优于其他技术。吸附也不会产生有害物质。影响吸附效率的因素包括吸附剂与吸附剂的相互作用、吸附剂表面积、吸附剂与吸附剂的比、吸附剂粒径、温度、pH 和接触时间等。因此，要考虑到这些参数的影响，优化这些条件将大大有助于发展工业规模的染料处理工艺。

1.4.2 吸附剂改性

化学预处理是目前广泛应用的改性植物材料的方法之一，以获得更好的性能和更高的吸附能力。在此背景下，人们用 $NaHCO_3$、HCl、HNO_3、$CaCl_2$、H_2SO_4、H_2O_2、CaO、Na_2CO_3、NaOH、甲醛、乙酸、柠檬酸、甲醇和 EDTA 来修饰植物材料的表面特性。结果表明，屏蔽或去除功能基团和暴露更多的结合位点可以引起表面特性的变化。因此，对这些材料进行化学改性会影响其疏水性、弹性、吸水能力、离子交换和吸附能力、耐热性和抗微生物性。其他研究讨论了通过涂层、电沉积、辐照和水热反应修饰植物材料的方法。在植物材料的改性过程中，必须特别关注改性前后吸附剂的酸碱特性，以确定主要差异，并了解在此过程中可能发生的主要相互作用。

1.4.3 吸附剂制备

在过去的几年里，人们非常关注各种吸附剂的制造，如纳米多孔吸附剂，它显示出良好的水和废水净化能力。近年来，纳米多孔吸附剂等各种吸附剂的制备受到了广泛的关注。

1.4.4 吸附剂特性

合适的吸附剂必须具有较大的表面积、可用的极性位点和活化程度的可重复性。吸附剂的结构、形态、组成、功能和吸附能力决定了吸附剂的性质。采用电子扫描电镜（SEM）可观察吸附剂表面的形态和基本物理性质，傅立叶变换红外光谱（FT-IR）可用于识别吸附材料上的官能团，X 光电子能谱（XPS）能谱可用于确定吸附剂的初始组成，核磁共振（NMR）、高效液相色谱（HPLC）和扩展 X 射线吸收精细结构用于鉴定质地，也可以确定去除水和废水中污染物的可能途径。使用仪器中子活化分析（INAA）、电感耦合等离子体质谱（ICP-MS）和电感耦合原子发射光谱（ICP-AES）测定微量元素含量。N_2-BET 方程可以用来表示吸附剂在去除被测污染物时的孔隙率。

1.4.5 吸附机理

动力学和平衡等温线：准一阶模型、准二阶模型、Brouers-Sotolongo 模型等可用于预测吸附过程的动力学。采用 Langmuir、Freundlich、Temkin、Dubinin-Radushkevich 和 Sips 等方法预测反应的吸附等温线，报告等温和动力学的最佳模型——两个 Langmuir 等温模型和准二次动力学模型。Langmuir 等温线可以表明，单分子膜的吸附发生在特定的均质位点，当污染物占据吸附剂的特定位点时，不会发生进一步的吸附。因此，吸附剂在与吸附质接触时是饱和的。

力学研究：热力学建模中的三个重要参数包括 ΔG°、ΔH°和 ΔS°。当吉布斯自由能为负时，表示自发。此外，当 ΔS°值为正值时，它表明污染物的倾向和吸附的意外增加。负 ΔH°值表示在吸附过程中是放热的。结果表明，当对污染物的吸附量小于 80kJ/mol 时，为物理吸附机制；温度对吸附过程的影响表明，在低温下，吸附是放热的。

1.5 本章小结

纤维素作为基体制备吸附剂的优点主要是原料成本低、对环境友好、可再生等，但目前对纤维素基吸附剂的研究还存在一些不足之处，需要深入探索。纳米纤维素作为一种新型的高分子材料，不仅原料环保易得，并且由于其独特的结构使得在很多领域尤其是在吸附方面处理废水表现十分优秀，不仅可以直接处理废水中的染料和重金属等物质，更是作为吸附剂的基本材料得以发展利用。虽然近几年对纳米纤维素的研究越来越多，但是纳米纤维素作为吸附剂来说并没有得到充分利用，所以纳米纤维素吸附剂具有很大的发展空间，是经济、环保型材料的绝佳之选。

参考文献

[1] 胡子聪．木质素在吸附铅污染物中的应用研究进展［J］．食品与发酵科技，2021，57（6）:89-95.

[2] 王忆娟．植物纤维性农业废弃物处理重金属废水的研究进展［J］．化学与生物工程，2013，30（9）:5-7.

[3] DEHGHANI M H，NAJAFPOOR A A，AZAM K. Using sonochemical reactor for degradation of LAS from efflfluent of wastewater treatment plant［J］. Desalination，2010，250:82-86.

[4] 蒋剑春．活性炭制备技术及应用研究综述［J］．林产化学与工业，2017，37（1）:1-13.

[5] 冯玉明．多胺改性黄麻吸附重金属铜离子材料的制备及性能研究［D］．哈尔滨：哈尔滨工业大学，2015.

[6] 张本镔．活性炭制备及其活化机理研究进展［J］．现代化工，2014，34（3）:34-39.

[7] 赵蒙蒙．几种农作物秸秆的成分分析［J］．材料导报，2011，25（8）:122-125.

[8] 姚丽．生物质吸附剂吸附回收硫脲废液中金的研究［J］．矿冶工程，2024，44（4）：1-6.

[9] 吕嘉辰．UiO-67 的微观形貌调控及对水中盐酸四环素的吸附特性［J］．环境化学，2024，1-12.

[10] 白玉洁．吸附剂再生技术的研究进展［J］．辽宁化工，2012，41（1）:21-24.

[11] 董凤霞．纳米纤维素的制备及应用［J］．中国造纸，2012，31（6）:68-73.

[12] 计红果．纳米微晶纤维素聚合物的研究现状及应用前景［J］．广州化学，2013，38（2）:65-71.

[13] 袁晔．纳米纤维素研究及应用进展Ⅰ［J］．高分子通报，2010（3）:40-60.

[14] 李洪波．红麻不同部位纤维化学成分分析［J］．山东纺织科技，2011，52（4）:34-36.

[15] 沈其荣．化学处理水稻秸秆水溶性有机物的光谱特征研究［J］．光谱学与光谱分析，2005，25（2）:53-57.

[16] 唐人成．纺织用天然竹纤维的结构和热性能［J］．林产化学与工业，2004，24（1）：43-47.

[17] 周涛．秸秆蒸汽爆破技术在畜牧生产中的应用研究进展［J］．中国畜牧兽医，2016，43（9）:2352-2357

[18] 胡秋龙．木质纤维素生物质预处理技术的研究进展［J］．中国农学通报，2011，27（10）:1-7.

[19] 张晓旭．纤维素预处理技术的研究进展［J］．粮食与油脂，2018，31（6）:7-10.

[20] 付书玉．黄麻纤维预处理工艺研究［J］．纺织科技进展，2007，29（6）:82-84.

[21] 徐永建．纤维素基吸附材料的研究进展［J］．中国造纸学报，2016，31（3）:58-62.

[22] 吕晓静．基于碱的木质纤维素预处理和酶解及相关机理研究［D］．广州：暨南大学，2018.

[23] 孟霞．黄麻纤维脱胶方法及产品开发［J］．针织工业，2011，38（8）:45-48.

[24] 都馨遥．多胺氧化纤维素的制备及其对胆红素和金属离子 Pb^{2+} 的吸附性能［D］．哈尔滨:东北林业大学，2012.

[25] 李刚. 原子转移自由基聚合在纤维素表面改性方面的应用研究进展［J］．化工进展，2011，30（6）:1270-1276.

[26] 杜兆林．微波辅助羧基改性黄麻吸附材料的制备工艺优化［J］．哈尔滨工业大学学报，2017，49（2）:54-61.

[27] 李鑫．AOPAN-AA 纳米纤维的制备及其金属离子吸附性能［J］．东华大学学报（自然科学版），2017，6:785-790.

[28] 刘婷．大分子 RAFT 试剂辅助法制备接枝改性纳米纤维素及其潜在应用的研究［D］．广州:华南理工大学，2017.

[29] 吕晓静．基于碱的木质纤维素预处理和酶解及相关机理研究［D］．广州：暨南大学，2018.

[30] 骆微．微波辅助离子液体法对纤维素的均性相改研究［J］．纤维素科学与技术，2014，22（4）:13-17.

2 微波辅助合成离子印迹聚丙烯腈纤维吸附剂及水处理效能研究

2.1 研究概况

稀土元素（REEs）是风力发电、电动汽车、核能、荧光灯等现代产业不可或缺的战略资源。然而，随着市场对高纯度稀土需求的快速增长，稀土分离纯化过程中产生的排放废水带来了严重的环境问题，对人类健康和生态系统造成了有害影响。在稀土元素（REEs）中，镝（Dy）是重要的金属元素之一，在磁、电、光学领域具有特殊的性能，但供应风险很大。因此，从废水中回收利用 Dy（Ⅲ）具有重要的现实意义。目前已开发出多种去除水溶液中 Dy（Ⅲ）离子的技术，包括萃取、离子交换、共沉淀法、膜分离和吸附法。其中，吸附法因其成本低、操作简单、效率高、应用广泛而备受关注。因此，金属有机框架、生物材料、多孔有机聚合物和介孔二氧化硅等各种材料已被用作吸附剂来回收污染水中的 Dy（Ⅲ）。虽然这些材料的发展取得了重大进展，但由于干扰离子的共存，它们对 Dy（Ⅲ）的选择性仍然令人不满意。

表面离子印迹聚合物（IIPs）是一类具有从复杂样品中选择性回收模板离子的巨大潜力的智能吸附剂，通过将线性聚合物和官能团直接交联，并将离子印迹层固定在支撑材料表面，可以很容易地合成。众所周知，在合成过程中，功能单体的类型决定了 IIPs 的最终吸收行为。因此，含有氨基和膦基的特定功能单体经常被用来构建具有稳定网络和对稀土离子高亲和力的 IIPs。例如，Luo 等人制造了一种磷基离子印迹聚合物，用于选择性回收 La（Ⅲ）。然而，传统的粉状 IIPs 存在易团聚、难分离、易造成二次污染等缺陷，阻碍了其实际应用。与粉状材料相比，纤维吸附剂因其水阻小、比表面积大、适用形式多样，特别是易于回收，已被证明在去除水中重金属离子方面更有效。因此，制造具有高离子选择性和方便回收能力的离子印迹纤维似乎是解决上述问题的良好途径。

聚丙烯腈纤维（PANF）是一种主要的合成纤维，由于其成本低、机械强度高、耐溶剂、环保等优异的性能，被广泛用于合成智能吸附剂。更重要的是，PANF 含有丰富的腈基，这使得它很容易通过将腈基转化为羧基、酰胺基、偕胺肟基和磷酸基进行修饰。近年来，PANF-基材料作为吸附剂被广泛应用于去除水溶液中的金属离子，尤其是氨基膦酸功能化 PANF（APAF）具有优异的吸附性能。尽管在制备 APAF 上取得了巨大的成就，但现有的制备方法存在两个主要缺点。首先，这些方法无法获得高活性的伯胺基团。其次，丙烯腈转化为氨基膦酸通常有两步反应，并且涉及有毒甲醛的使用，使得 APAF 的合成过程复杂、耗时且效率低。因此，寻找合成 APAF 的有效方法具有重要意义。

以往的研究结果表明，氨基膦酸修饰材料可以通过一步反应法制备，并且由于磷酸基团对稀土元素的高亲和力，对稀土元素表现出优异的吸附性能。值得注意的是，通过一步反应法可以同时得到高浓度的磷酸基团和高活性的伯胺基团。然而，传统的高温热磷酸化工艺由于能量利用率不足，反应时间长，可能会破坏纤维结构，限制了其实用性。微波加热被认为是制备新型材料的有效方法，与传统加热相比，微波加热具有反应速度更快、转化率更高、成本更低等独特优势。特别是从材料体内部快速加热，避免了对纤维结构的破坏，使得微波加热方式对 PANF 的磷酸化更加有效。然而，目前还没有关于磷功能化离子印迹纤维吸附剂的合成和从水溶液中捕获 Dy（Ⅲ）的报道。

为了结合 IIPs 的高选择性识别特性和氨基膦基对 Dy（Ⅲ）离子的良好配位能力，同时解决磷酸功能化 PANF 合成耗时、复杂和磷酸化效率低等难题，研究了基于磷酸化 PANF 的新型微波辅助合成镝印迹吸附剂的方法。具体而言，就是在微波辐射下，在冰醋酸中与磷酸反应，首次实现了简便的一步合成 APAFs。然后，将 APAFs 与 Dy（Ⅲ）离子络合，再与戊二醛交联得到 Dy（Ⅲ）印迹纤维吸附剂（IIFs），实现表面离子印迹工艺。同时，考察了该吸附剂对废水中镝 Dy（Ⅲ）的选择性捕集效果。本工作的主要创新点有：（1）与传统合成方法相比，一步法和微波辅助合成方法不仅缩短了反应时间，而且减少了副反应，提高了官能团的接枝率；（2）伯胺基团是交联的极好靶标，因为它们的高反应活性可以在磷酸化过程中获得；（3）避免使用有毒甲醛，使反应过程更加环保；（4）与戊二醛交联制备的纤维在酸性溶液中仍能保持优异的机械强度，这一特性使制备的吸附剂 IIF-3 在以 1mol/L 盐酸溶液为洗脱剂，经过 6 次 Dy（Ⅲ）吸附-解吸后，具有良好的化学稳定性。

2.2 试验内容和方法

2.2.1 Dy（Ⅲ）离子印迹和非印迹磷酸化聚丙烯腈纤维的制备

材料：聚丙烯腈纤维购自淄博百纳新材料科技有限公司（淄博，中国），磷酸和 $Dy(NO_3)_3 \cdot 6H_2O$ 购自西格玛奥德里奇（美国生命科学与高科技集团公司），冰醋酸、盐酸（HCl，37%）和戊二醛溶液［50%（*V/V*）］购自国药化学试剂有限公司（上海，中国）。所有样品均使用蒸馏水。本工作中使用的所有试剂均为分析试剂级，未经任何进一步处理。

与传统的合成策略需要多步骤的过程不同，在这里，我们提出了一种有效且简单的一步反应方法来制备APAFs。将1.0g聚丙烯腈纤维（PANF）、Xg磷酸（X=1、2、3、5和10）和20mL冰醋酸混合在50mL三口烧瓶中，在微波反应器下进行磁力搅拌。将烧瓶置于500W的固定微波功率下，在120℃下反应1h。纤维冷却至室温后过滤分离，用蒸馏水洗涤数次，60℃真空干燥过夜，分别命名为APAF-M1、APAF-M2、APAF-M3、APAF-M4和APAF-M5。

为进一步优化反应条件，在120℃条件下，以1g PANF、5g磷酸和20mL冰醋酸进行接枝反应，搅拌时间Y（Y=10、20、40、60和90 min），考察微波时间对APA基团移植率的影响。得到的纤维分别命名为APAF-M4-T1、APAF-M4-T2、APAF-M4-T3和APAF-M4-T4。为研究温度对APA基团移植率的影响，将1g PAN、5g磷酸、20mL冰醋酸分别加到50mL三颈烧瓶中，在温度Z（Z=80、100、120和140℃）搅拌1 h，所得纤维分别缩写为APAF-M4-T3-T1、APAF-M4-T3-T2、APAF-M4-T3-T3和APAF-M4-T3-T4。

随后，将1g APAF-M4-T3-T3与800mL $Dy(NO_3)_3$水溶液（250mg/L）在60℃下反应5h，进行Dy（Ⅲ）离子印迹，然后取出Dy（Ⅲ）螯合纤维，用蒸馏水洗涤，分散在AmL（A=5、10、15、20和30mL）的戊二醛溶液中。在100℃微波条件下反应1h后，取出纤维，用蒸馏水和乙醇洗涤，去除残留的且没有螯合的戊二醛和Dy（Ⅲ）离子，然后，使用1mol/L盐酸溶液将模板离子从离子印迹纤维中去除。最后，将得到的表面Dy（Ⅲ）离子印迹纤维在60℃下干燥8h，分别命名为IIF-1、IIF-2、IIF-3、IIF-4和IIF-5。IIF-3的制备原理图如图2-1所示。

为了比较研究，还采用传统的加热方法制备了氨基膦酸功能化的聚丙烯腈纤维。在典型试验中，将1.0g PANF、5g磷酸和20mL冰醋酸混合于50mL三颈烧瓶中，在120℃下搅拌时间B（B=1、2、4、6、8和10h），收集所得纤维，用乙醇/水洗涤后干燥，命名为APAF-H1、APAF-H2、APAF-H3、APAF-H4和APAF-H5。此外，采用与IIF-3相同的工艺制备了非印迹纤维（NIIF），但不添加$Dy(NO_3)_3 \cdot 6H_2O$。而且，还计算了不同条件下APA基团在纤维上的移植率。

通过重量法计算移植率，计算公式为

$$\text{Grafting rate}=\frac{m_1-m_0}{m_0}\times 100\% \tag{2-1}$$

式中，m_0为PANF纤维的质量；m_1为改性pan-基纤维的质量。

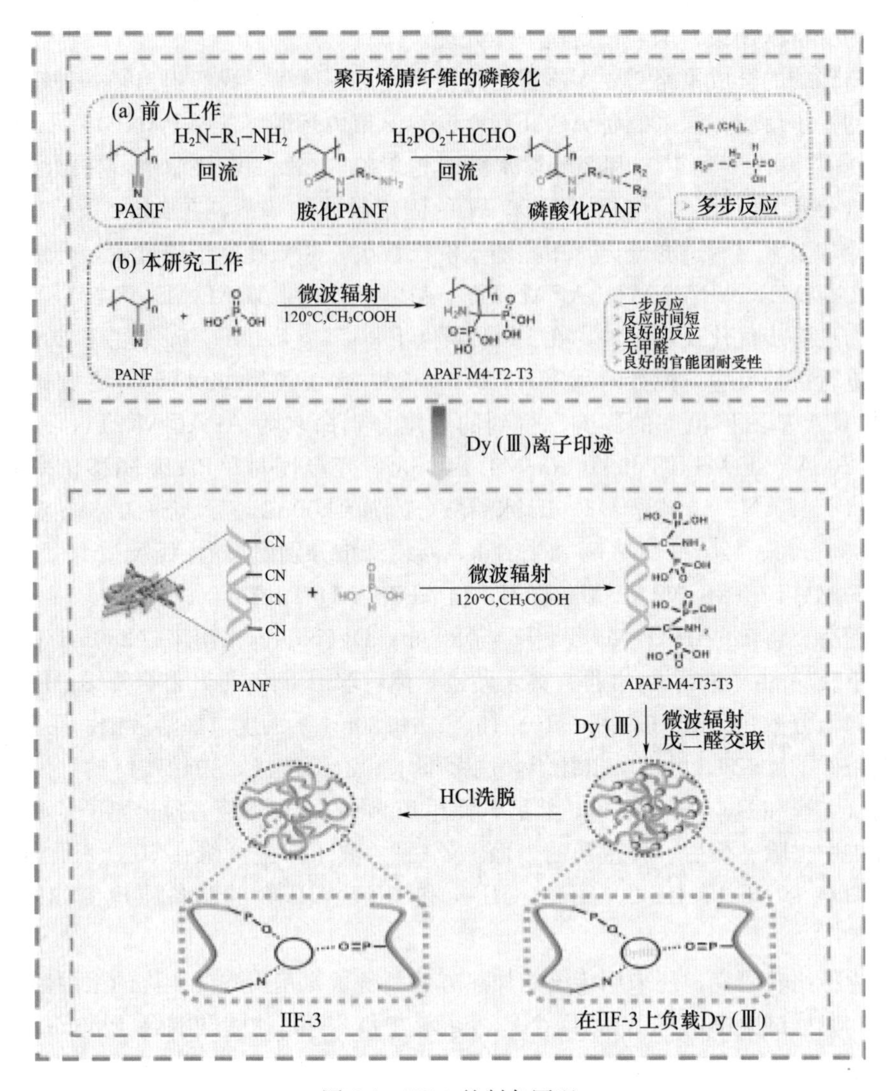

图 2-1　IIF-3 的制备原理

2.2.2　离子印迹聚丙烯腈纤维的表征测试

采用 Cu Kα 辐射（$\lambda=1.5418Å$，$1Å=10^{-10}m=0.1nm$），在日本 Rigaku X 射线衍射分析仪上进行了粉末 X 射线衍射（XRD）测量。材料的热重分析（TGA）使用 PerkinElmer 1061608 仪器在 30～800℃的温度范围内进行，在空气中加热速率为 10℃/min。用扫描电镜（SEM，Phenom pure）对材料的形貌进行了表征。在 ELSZ-2000 型 Zeta 电位分析仪（日本大冢电子公司）上测量 Zeta 电位。傅立叶变换红外光谱（FT-IR）在 A VERTEX 80V（布鲁克，德国）上使用

KBr 圆盘法记录，范围为 4000～400cm^{-1}。金属离子浓度采用电感耦合等离子体光学发射光谱仪（ICP）（ICP2060T，中国江苏天射线仪器有限公司）测定。X 射线光电子能谱（XPS）测量由 Thermo SCIENTIFIC ESCALAB 250Xi 光谱仪（Thermo SCIENTIFIC，USA）进行，X 射线源为 Al 靶（1486.68eV）。

2.2.3 离子印迹聚丙烯腈纤维的吸附试验

在 50mL 锥形玻璃烧瓶中进行了批量吸附试验，并在水浴振动器中以 200r/min的速度搅拌。在初始浓度为 250mg/L 的条件下，通过改变溶液的 pH 值和吸附剂用量在 2～6mg 和 1～30mg 的范围内，考察了 pH 值和吸附剂用量对 Dy（Ⅲ）吸附的影响。研究了初始浓度为 15～350mg/L 的 Dy（Ⅲ）在 4 种不同温度和 pH＝5 条件下的吸附等温线。为了进行动力学的研究，将 20mg IIF-3 与 250mg/L pH＝5 Dy（Ⅲ）溶液在室温下振荡一段时间。在不同的时间间隔，从摇瓶中取出液体样品，用电感耦合等离子体发射光谱法（ICP-OES）测定溶液中 Dy（Ⅲ）的浓度。在 pH＝5 的条件下，采用共存吸附体系对 Na（Ⅰ）、K（Ⅰ）、Ca（Ⅱ）、Mg（Ⅱ）、Cu（Ⅱ）、Co（Ⅱ）、Zn（Ⅱ）、Ni（Ⅱ）、La（Ⅲ）、Nd（Ⅲ）、Gd（Ⅲ）和 Dy（Ⅲ）离子进行选择性试验，所有金属离子的初始浓度固定为 250mg/L。批量试验的所有结果均为 3 次平行试验结果的平均值。计算了吸附剂的平衡吸附量（q_t，q_e）以及对 Dy（Ⅲ）的解吸效率（D_e）和去除效率（R_e），根据式（2-2）～式（2-5）计算不同时间的平衡吸附量（q_e）、去除效率（R_e）、对 Dy（Ⅲ）的吸附量（q_t）和解吸效率（D_e）：

$$q_e=\frac{(C_0-C_e)\times V}{m} \tag{2-2}$$

$$R_e=\frac{(C_0-C_e)}{C_0}\times 100\% \tag{2-3}$$

$$q_t=\frac{(C_0-C_t)\times V}{m} \tag{2-4}$$

$$D_e=\frac{C_d}{(C_0-C_e)}\times 100\% \tag{2-5}$$

式中，C_0、C_e 和 C_t（mg·L^{-1}）分别为 t 时刻溶液中 Dy（Ⅲ）离子的初始浓度和平衡浓度以及剩余的 Dy（Ⅲ）浓度；C_d 为洗脱液中 Dy（Ⅲ）的浓度；V（L）和 m（g）分别表示溶液体积和吸附剂质量。

回收试验：将 50mg 负载 Dy（Ⅲ）的吸附剂浸入到 100mL（1mol/L）HCl 溶液中进行解吸试验，达到解吸平衡后，除去纤维，分析溶液中 Dy（Ⅲ）离子的浓度，计算解吸 Dy（Ⅲ）离子的量，洗脱后的吸附剂用蒸馏水洗涤，60℃

真空干燥 4h。为了评估 IIF-3 的可重用性，吸附剂的吸附和解吸循环重复了 6 次。

2.2.4 离子印迹聚丙烯腈纤维吸附剂的制备

为获得最佳吸附剂，系统考察了磷酸用量、反应温度、辐照时间对 APAFs 上 APA 基团移植率的影响，以及戊二醛用量对 IIFs 的 Dy（Ⅲ）离子去除效率的影响。图 2-2（a）显示了不同磷酸剂量下 APA 基团在 APAFs 上的移植率。APAF-M1、APAF-M2、APAF-M3、APAF-M4 和 APAF-M5 移植率分别为 8.3%、14.6%、21.3%、27.5%和 18.6%。结果表明，随着磷酸用量的增加，APA 基团的移植率在较低的磷酸用量下呈线性增加，然后趋于平稳，然后下降。在低磷酸用量下，APA 基团移植率的初始提高是由于纤维表面存在更多的反应位点。然而，当磷酸的剂量超过 5g 时，APA 基团的接枝率下降，这可能是由于过量的磷酸对 PANF 有腐蚀作用。因此，用 5g 磷酸进行进一步的试验。

作为参考，我们也考察了常规加热方式下 APA 基团在 PANF 上的移植速率，结果如图 2-2（b）所示。由此可见，APAF-Hs 的 APA 移植率均明显低于 APAF-M4-T3-T3。即使将反应时间延长至 8h，APA 基团对 APAF-H4 的移植率仅为 17.9%。

在 80～140℃范围内研究了反应温度对 APA 基团移植率的影响，从图 2-2（c）可以看出，随着反应温度的升高，APA 基团的移植率先升高后降低。最佳移植条件为 120℃，移植率 27.5%。

图 2-2（d）描述了辐照时间对 APA 基团移植率的影响，与反应温度的结果相似。当辐照时间从 10min 增加到 90min 时，APA 基团的移植率先从 1.6 增加到 27.5，然后随着辐照时间的增加而降低。移植基团的减少在一定程度上是由于随着辐照时间的延长，PANF 骨架会相应降解。对比图 2-2（b）结果表明，微波辐照法制备 APA 基团修饰材料效率更佳。

为了合成离子印迹纤维，我们选择了 APA 移植率最高的 APAF-M4-T3-T3 作为载体，图 2-2（e）为在 APAF-M4-T3-T3 固定剂量（1g）、微波功率（500W）、反应温度（100℃）、1h 下，戊二醛剂量对 IIFs 脱除 Dy（Ⅲ）效率的影响。随着戊二醛用量的增加，对 Dy（Ⅲ）的去除率先升高后降低。此外，IIF-3在 20mL 戊二醛的作用下对 Dy（Ⅲ）的去除率最高。因此，在接下来的试验中选择 IIF-3 作为最佳吸附剂。

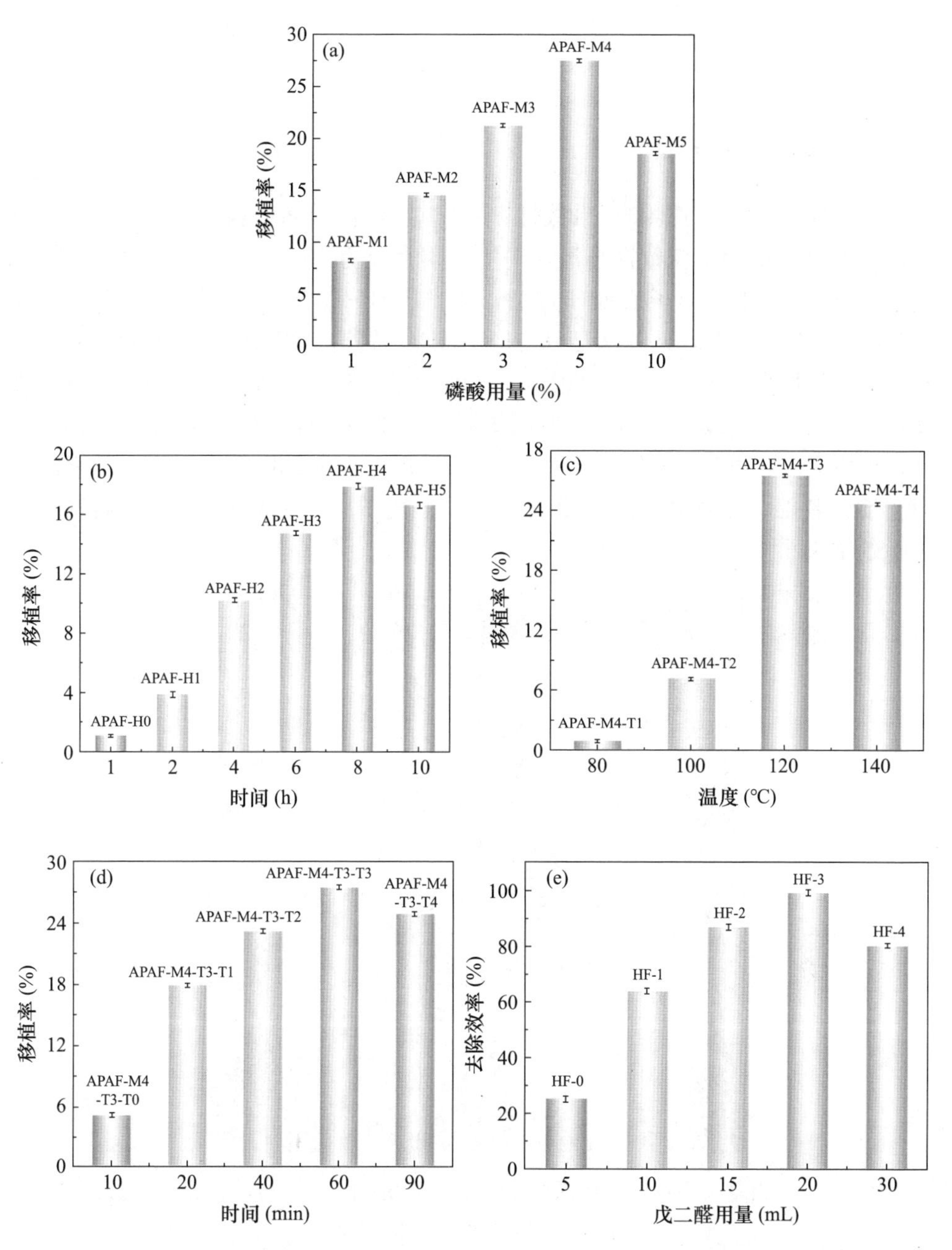

图 2-2 (a) 微波条件下磷酸用量对 APA 基团在 APAFs 上移植速率的影响；(b) 反应时间对 APA 基团在 APAF-Hs 上移植速率的影响；(c) 反应温度和 (d) 辐照时间对 APA 基团在 APAFs 上移植速率的影响；(e) 戊二醛用量对 IIFs Dy (Ⅲ) 去除效率的影响

2.3 结果与讨论

2.3.1 表征结果分析

用扫描电镜观察了原纤维和改性 PAN-基纤维的表面形貌，如图 2-3（a）所示，原 PANF 表面形貌致密光滑，平均纤维直径为 10μm±0.2μm。经 APA 基团修饰和 Dy（Ⅲ）离子表面印迹后，APAF-M4-T3-T3 的直径（12.9μm）和 IIF-3 的直径（17.1μm）均大于天然 PANF。另外，APAF-M4-T3-T3 和 IIF-3 样品表面虽然出现了一些裂纹如图 2-3（b）、图 2-3（c）所示，但其构象没有改变，纤维仍然是连续均匀的。这些结果表明，改性反应主要发生在 PANF 的表面，而不会破坏内部分子链。此外，与 NIIF 相比［图 2-3（d）］，IIF-3 的表面相对粗糙且多孔），这可以解释为模板 Dy（Ⅲ）离子从纤维表面形成的交联网络中去除的结果。

图 2-3　（a）原 PANF；（b）APAF-M4-T3-T3；（c）IIF-3；（d）NIIF 纤维的 SEM 图像

如图 2-4（a）所示，PANF、APAF-M4-T3-T3、IIF-3 和 NIIF 的 X 射线衍射（XRD）图。原始 PANF 在 17.2°处有一个强衍射峰，在 29.7°处有一个弱衍射峰，分别对应结晶 PANF 的 100 晶面和非晶 PANF 的 101 晶面。结果表明，PANF 具有高取向和低非晶态有序共存的特点。与 PANF 的光谱相比，APAF-

M4-T3-T3、IIF-3 和 NIIF 的衍射峰没有明显变化，说明经氨基膦酸基团改性并与戊二醛交联后，纤维结构得到了很好的维持。图 2-4（b）为 PANF、APAF-M4-T3-T3 和 IIF-3 纤维的热重（TGA）曲线，对于 PANF，观察到三个热降解阶段。最初的质量损失 1.8%发生在 100℃左右，这是由于样品中水分的损失。在 281～476℃的温度范围内，由于 PAN 主链的降解，第二步失重 45.7%。第三步在 500℃以上失重 9%，对应于 PAN 聚合物链的进一步热氧化分解。另外，APAF-M4-T3-T3 和 IIF-3 的降解行为与 PANF 相似。然而，与 PANF 相比，APAF-M4-T3-T3（6.3%）和 IIF-3（2.5%）样品都有更多的吸附水，这是由于磷酸基的亲水性强。同时，对比结果显示，APAF-M4-T3-T3 和 IIF-3 在第二阶段的减重都大于 PANF，说明修饰基团已经移植到 PANF 的主干上。值得注意的是，APAF-M4-T3-T3 的炭渣含量为 69.5%，IIF-3 的炭渣含量为 54.4%，略高于 PAN 样品。究其原因，磷组分的存在会在燃烧过程中产生大量含磷衍生物，起到阻燃作用。因此，磷基团的引入可以略微提高 PAN-基材料的热稳定性。

利用傅立叶变换红外光谱（FT-IR）对原料 PANF、APAF-M4-T3-T3 和 IIF-3 纤维的官能团进行鉴定。如图 2-4（c）所示，PANF 在 2245、1739、2933 和 1238cm^{-1}处有一些明显的吸附峰，分别归因于腈基、羧基、亚甲基和 C—N 键的拉伸振动。经过氨基膦酸功能化反应后，PANF 中腈基对应的能带强度明显降低。同时，APAF-M4-T3-T3 样品在 692cm^{-1}处出现了一个新的峰，该峰属于 P—O—H 基团的结合振动。此外，在 1132cm^{-1}、1190cm^{-1}和 1226cm^{-1}处的三个特征峰也验证了磷基团的引入，这三个特征峰对应于 P—O 和 P＝O 基团的拉伸振动。而且，在 3400cm^{-1}附近出现宽峰是由于—NH_2和—OH 拉伸振动的重叠，表明引入了反应性氨基。与戊二醛交联后，在 IIF-3 的光谱中，1662cm^{-1}处的峰值强度增加，这是由于移植在 APAF-M4-T3-T3 上的氨基与戊二醛交联剂之间形成的 C＝N 键被拉伸了。以上结果表明，IIF-3 成功合成。

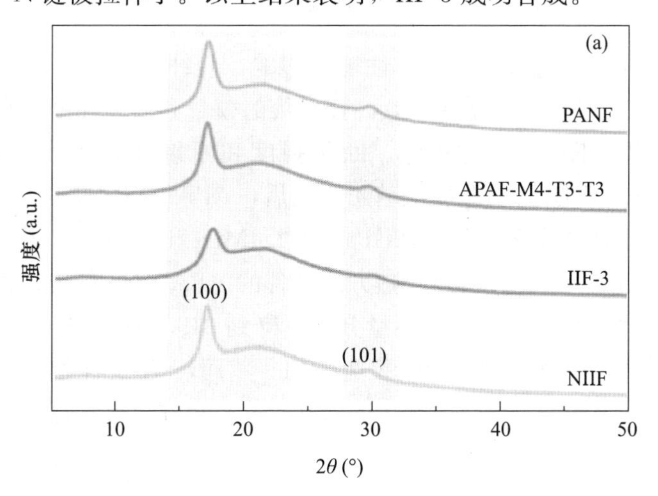

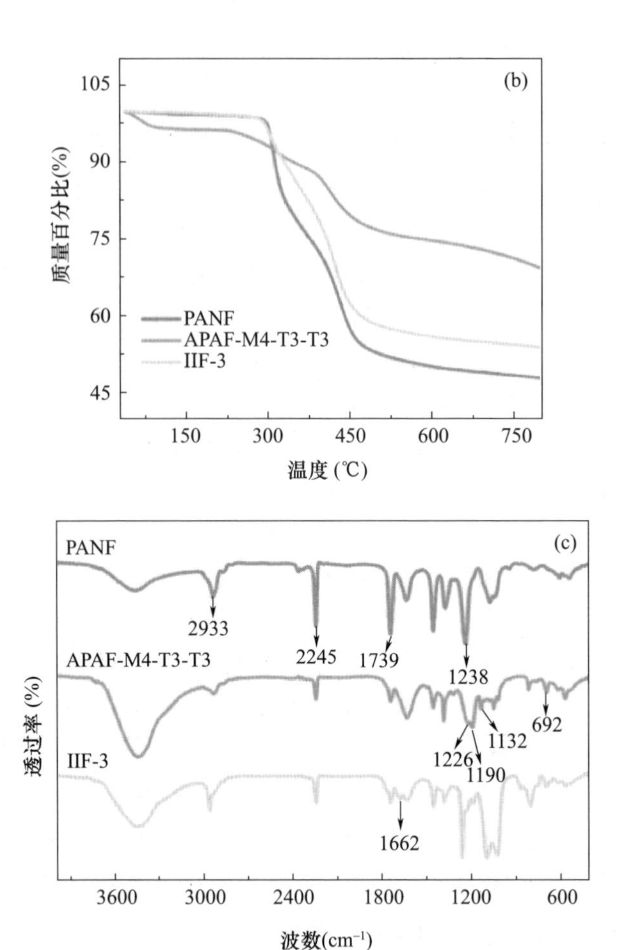

图 2-4　(a) PANF、APAF-M4-T3-T3、IIF-3 和 NIIF 的 XRD 谱图；
(b) PANF、APAF-M4-T3-T3、IIF-3 的 TGA 曲线；
(c) PANF、APAF-M4-T3-T3 和 IIF-3 的 FT-IR 光谱

为了研究改性工艺对纤维力学性能的影响，对纤维进行了电子拉伸强度测试，结果如图 2-5 所示。一般来说，高强纤维的模量和断裂强度较高，断裂伸长率较低。PANF（图 2-5）的模量、断裂强度和断裂伸长率分别为 13.1GPa、941.2MPa 和 19.3%。经氨基膦酸基团改性后，APAF-M4-T3-T3 纤维的力学性能基本保持，相关参数分别为 11.2GPa、752.4MPa 和 25.9%，说明移植反应主要发生在纤维侧链上。采用常规加热方法制备的 APAF-H4 纤维，虽然断裂伸长率提高到 42.5%，但断裂强度和模量分别下降到 319.5MPa 和 4.9GPa，这是由于纤维结晶区在长期反应过程中断裂造成的。然而，IIF-3 纤维的抗拉强度高于交联前的纤维，说明离子印迹过程中的交联反应可以在不破坏晶体区域的情况下提高抗拉强度。

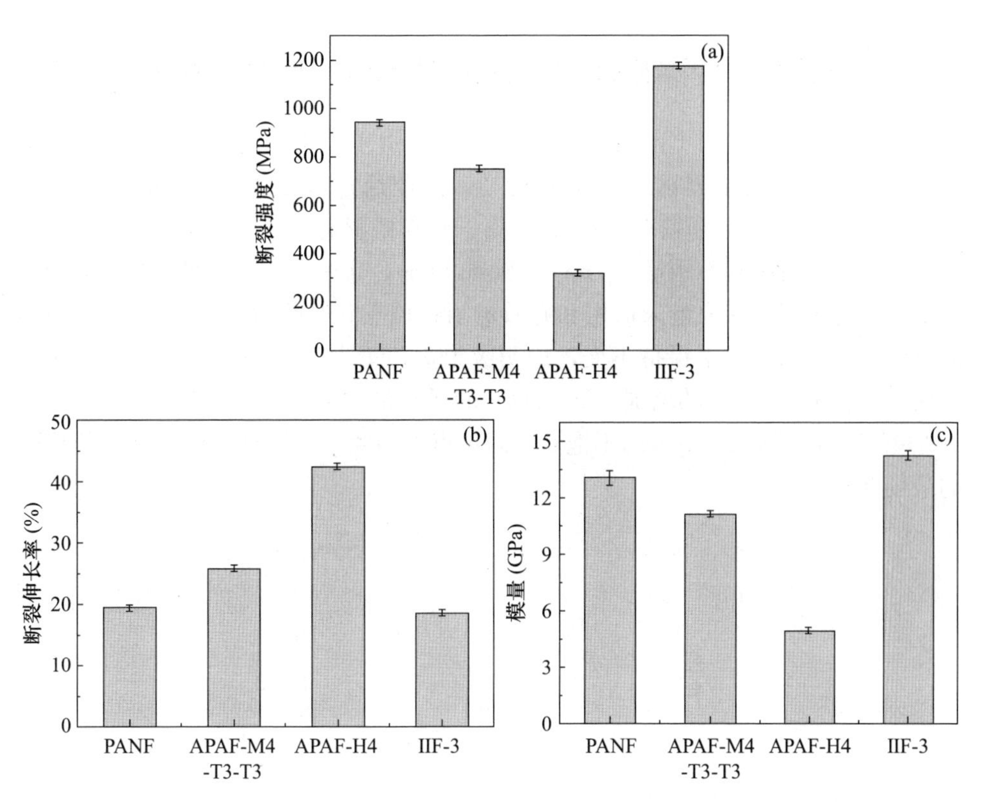

图 2-5　(a) PANF、APAF-M4-T3-T3、APAF-H4 和 IIF-3 纤维的断裂强度；
(b) PANF、APAF-M4-T3-T3、APAF-H4 和 IIF-3 纤维的断裂伸长率；
(c) PANF、APAF-M4-T3-T3、APAF-H4 和 IIF-3 纤维的模量

接着进行了元素分析，估计了样品中的元素百分比，并验证了磷酸化 PAN-基材料的成功制备。各种纤维的主要成分及配比见表 2-1。可以看出，腈基与磷酸反应导致氧含量增加，氮含量减少。另外，成功制备了磷酸化 PAN-基吸附剂，并通过磷酸基团接枝到 PANF 上的磷组分的出现证实了这一点。值得注意的是，APAF-M4-T3-T3 纤维的磷含量和接枝率分别是常规加热条件下制备的 APAF-H4 纤维的近 3 倍和 2 倍，而反应时间从常规加热的 8h 缩短到微波辅助法的 1h，这表明微波辐照制备磷酸化纤维的效率更高。这一结果可能是由于微波辐照系统中电磁辐射与反应物分子的内部直接相互作用所致。

表 2-1　PANF、APAF-M4-T3-T3、APAF-H4 和 IIF-3 的主要成分及配比

样品	反应时间 (h)	N (%)	O (%)	P (%)
PANF	—	27.13	5.46	—
APAF-M4-T3-T3	1	14.79	26.83	7.94
APAF-H4	8	18.62	14.51	2.69
IIF-3	2	13.39	24.57	7.12

2.3.2　离子印迹聚丙烯腈纤维吸附剂的对水体中 Dy（Ⅲ）的吸附分析

（1）吸附剂剂量对 Dy（Ⅲ）吸附的影响：由于吸附剂的剂量决定了吸附剂对一定初始浓度的金属溶液的吸附能力，因此通过改变 IIF-3 的量从 1mg 到 30mg，研究了吸附剂剂量对 Dy（Ⅲ）离子吸附的影响。如图 2-6（a）所示，在初始阶段，随着吸附剂用量从 1mg 增加到 20mg，IIF-3 对 Dy（Ⅲ）的去除率值增加，这是由于存在大量未占用和有效的活性位点。在吸附剂剂量为 20～30mg 的范围内，吸附量基本保持不变，说明吸附剂用量为 20mg 时达到了吸附平衡。然而，随着 IIF-3 用量的增加，Dy（Ⅲ）的吸附量逐渐降低，这是由于随着 IIF-3 用量的增加，形成了更多的不饱和吸附位点。因此，后续试验以 20mg 为 IIF-3 的最佳剂量。

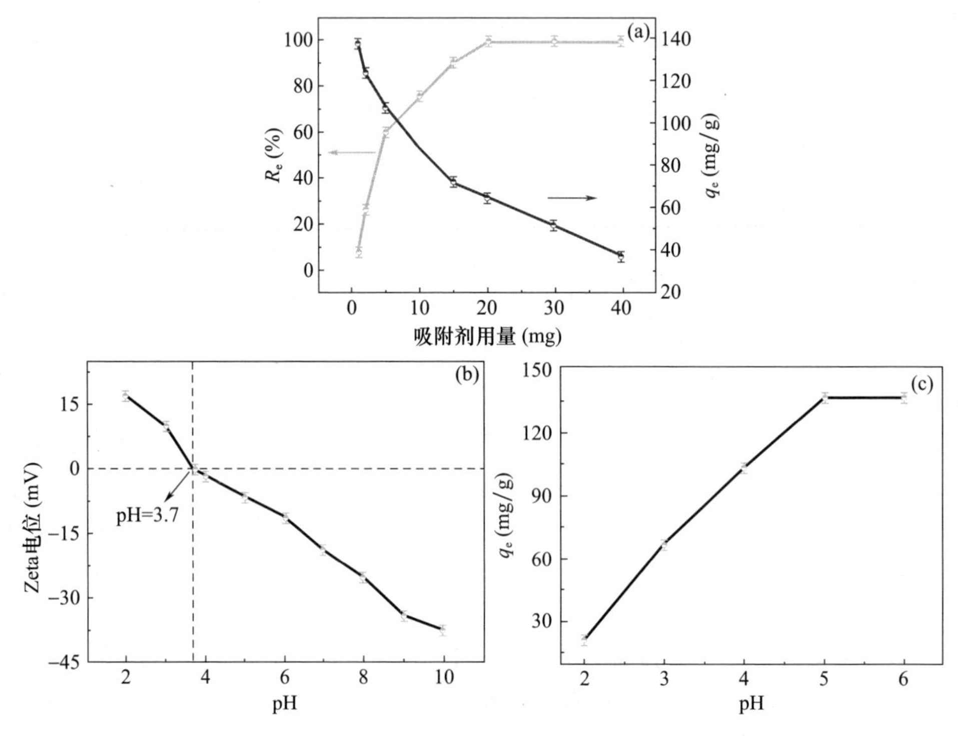

图 2-6　（a）IIF-3 投加量对 Dy（Ⅲ）吸附量和去除率的影响；（b）IIF-3 的 Zeta 电位；（c）pH 对 IIF-3 吸附 Dy（Ⅲ）的影响

（2）初始 pH 值的影响：溶液的 pH 值在吸附过程中起着至关重要的作用，它影响着金属离子的赋存形式以及吸附剂的物理和表面化学特性。此外，对于金属吸附，认为 pH 值的影响与吸附剂的 pHpzc（零电荷 pH 点）有关，因此，首先测量了 IIF-3 在 pH 值 2～10 范围内的 Zeta 电位。如图 2-6（b）所示，IIF-3

的 pHpzc 为 3.7，说明在 pH<3.7 时，IIF-3 表面带正电荷。鉴于 Dy（Ⅲ）离子在 pH>6 时发生水解，因此研究 pH 在 2～6 之间对 Dy（Ⅲ）摄取的影响。从图 2-6（c)可以看出，溶液 pH 对 IIF-3 吸附 Dy（Ⅲ）的性能影响很大。当 pH<pHpzc 时，少量的 Dy（Ⅲ）离子被 IIF-3 吸附，这可以解释为：在低 pH 下，IIF-3 表面的表面电荷为正电荷。带正电的吸附剂表面与带阳离子的 Dy（Ⅲ）离子之间存在明显的静电斥力，导致吸附能力下降。此外，溶液中相对高浓度的 H^+ 与 Dy（Ⅲ）离子争夺有限的吸附位点，导致吸附减少。随着溶液 pH 的增大，H^+ 和阳离子 Dy（Ⅲ）离子之间的竞争变得不那么突出。另外，当 pH>pHpzc 时，随着 pH 的增加，IIF-3 的 Zeta 电位变得更负，这引起静电吸引，从而导致更多的 Dy（Ⅲ）吸附在 IIF-3 上。此外，随着溶液 pH 的增加，表面有机官能团的解离增加，与 Dy（Ⅲ）形成配合物的能力增强，吸附能力也随之增加。吸附量在 pH＝5 时达到最大值，在初始 pH＝5～6 时基本保持不变。因此，后续研究选择初始 pH＝5。

2.3.3 离子印迹聚丙烯腈纤维吸附剂选择性吸附分析

吸附动力学：吸附动力学和平衡时间是描述吸附机理和确定吸附剂效果的重要参数。因此，首先在温度 298K 下研究了接触时间对 IIF-3 和 NIIF 吸附 Dy（Ⅲ）的影响。如图 2-7（a）所示，吸附过程与时间因素密切相关。在初始阶段，IIF-3 对 Dy（Ⅲ）的吸附量呈线性增加，约 80％的吸附量在前 40min 内完成，在初始接触时间的快速吸附归因于吸附剂上有更多活性结合位点的可用性。然后，吸附速度变慢，这主要是由于吸附剂表面活性位点的可用性降低。此外，负载 IIF-3 的 Dy（Ⅲ）离子与自由的 Dy（Ⅲ）离子之间的静电斥力也起主要作用。与 NIIF 相比，IIF-3 的吸附速度明显快于 NIIF，在 60min 内达到吸附平衡，而 NIIF 大约为 90min。IIF-3 如此快速的吸附速率是由于微波辅助策略使其表面的官能团浓度更高，以及官能团在印迹位点的可达性更佳。此外，从图 2-7（a）中也可以清楚地看到，Dy（Ⅲ）在 IIF-3 上的平衡吸附容量高于 NIIF，这意味着表面离子印迹方法有利于提高 IIF-3 对 Dy（Ⅲ）离子的吸附能力，这与之前的报道相似。综上所述，在改性纤维中构建离子印迹孔不仅有利于提高吸附容量，而且有利于提高传质和吸附速率。

为了从根本上了解 IIF-3 对 Dy（Ⅲ）离子的吸附过程，进一步采用准一阶和准二阶两种经典动力学模型对吸附试验数据进行分析。准一阶和准二阶模型通常分别用于描述物理吸附和化学吸附过程，下面展示了这两种动力学模型的更详细信息。Langmuir 模型描述了一种单层覆盖，其中吸附剂上的所有吸附位点都是相同的。Freundlich 等温线的建立是基于多层吸附和非均相吸附的假设，而 Temkin 等温线模型则认为吸附能随着吸附位点的增加而降低。Dubinin-Radushkevich（D-R）模型表示微孔中的分子吸附。四种模型的描述如下：

Langmuir：

$$q_e=\frac{K_L q_{max} C_e}{1+K_L C_e} \tag{2-6}$$

Freundlich：

$$q_e=K_F C_e^n \tag{2-7}$$

Temkin：

$$q_e=\frac{R_t}{b}\ln K_t+\frac{R_t}{b}\ln C_e \tag{2-8}$$

D-R：

$$q_e=q_m e^{(-K_D \varepsilon^2)} \tag{2-9}$$

$$\varepsilon=RT\ln\left(1+\frac{1}{C_e}\right) \tag{2-10}$$

$$E=\frac{1}{\sqrt{2K_D}} \tag{2-11}$$

式中，K_L（L/mg）为与吸附自由能和结合位点亲和力有关的 Langmuir 常数；C_e（mg/L）表示 Dy（Ⅲ）的平衡浓度；q_{max} 和 q_e（mg/g^{-1}）为 IIF-3 对 Dy（Ⅲ）的最大吸附量和平衡吸附量；K_F（$mg^{1-n}L^n/g^{-1}$）和 n 为 Freundlich 常数，分别与吸附能力和吸附强度有关；R_t/b（B）（J/mol^{-1}）和 K_t（L/g）属于 Temkin 等温常数；R［8.314J/（mol·K)］为气体常数；t（K）为开尔文温度；ε（J/mol）和 E（kJ/mol）分别代表极性势能和吸附自由能；K_D 为分配系数。

为了分析吸附过程，采用准一阶和准二阶动力学模型拟合试验动力学数据。准一阶和准二阶模型分别假设物理吸附和化学吸附是速率决定步骤。准一阶和准二阶模型的非线性形式表示如下：

准一阶：

$$q_t=q_e\ (1-e^{-k_1 t}) \tag{2-12}$$

准二阶：

$$q_t=\frac{k_2 t q_e}{1+k_2 t q_e} \tag{2-13}$$

式中，k_1（min^{-1}）、k_2［g/（mg·min)］分别表示准一阶模型、准二阶模型的速率常数；q_t 和 q_e 分别表示 t（min）和平衡时间的吸附量（mg/g）。

图 2-7（b）为 Dy（Ⅲ）在 IIF-3 和 NIIF 上的吸附动力学非线性拟合图，相关参数见表 2-2，相关系数（R^2）是评价试验数据与理论模型是否一致的重要参数之一。由表 2-2 可知，IIF-3 和 NIIF 的准二阶模型 R^2 分别为 0.9921 和 0.99435，而准一阶模型的 R^2 仅为 0.9463 和 0.97861。结果表明，准二阶模型比准一阶方程具有更高的相关系数。此外，根据准二阶方程，计算得到 IIF-3 和

NIIF 对 Dy（Ⅲ）的吸附量分别为 139.8mg/g 和 123.2mg/g，与准一阶模型（IIF-3 为 128.1mg/g，NIIF 为 108.9mg/g）相比，IIF-3 和 NIIF 对 Dy（Ⅲ）的吸附量分别为 137.2mg/g 和 114.8mg/g，更符合试验数据。因此，Dy（Ⅲ）在吸附剂上的吸附动力学符合准二阶方程，表明 Dy（Ⅲ）离子与吸附剂的相互作用主要是化学吸附作用。

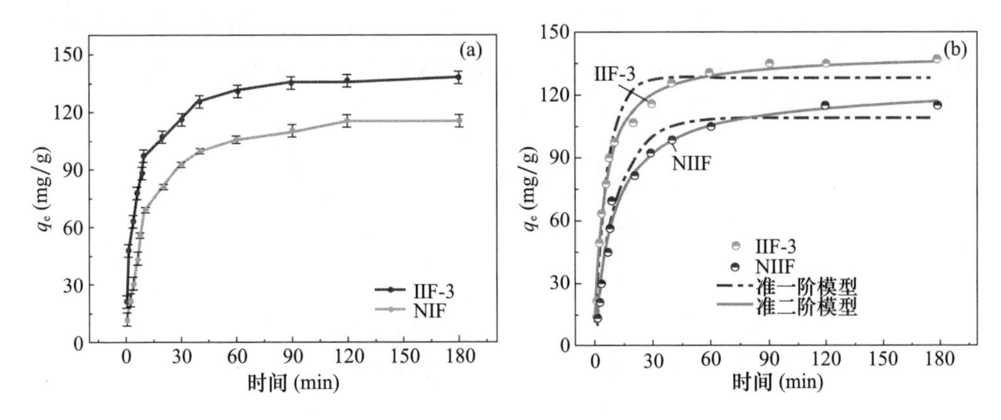

图 2-7 （a）接触时间对 IIF-3 吸附 Dy（Ⅲ）的影响；（b）两种吸附剂对 Dy（Ⅲ）的准一阶和准二阶动力学拟合曲线

表 2-2 298K 时，Dy（Ⅲ）被 IIF-3 和 NIIF 吸收的动力学参数

模型	参数	单位	吸附剂	
			IIF-3	NIIF
准一阶	q_e	mg/g	128.1134	108.9149
	k_1	min^{-1}	0.1536	0.0834
	R^2	—	0.9463	0.97861
准二阶	q_e	mg/g	139.8069	123.2097
	k_2	g/（mg・min）	0.0015	0.000821
	R^2	—	0.9921	0.99435

吸附等温线：为了确定 IIF-3 的吸附容量并预测其吸附等温线，在 15～350mg/L 的浓度范围内，研究了不同温度下初始浓度对吸附剂吸附性能的影响。如图 2-8（a）所示，随着初始 Dy（Ⅲ）浓度的增加，IIF-3 对 Dy（Ⅲ）的摄取能力显著增加。随后，它缓慢增加，最终达到吸附平衡。这种吸附行为可以合理地解释为：当 Dy（Ⅲ）离子浓度较低时，材料的活性位点得到充分利用，然后随着 Dy（Ⅲ）离子浓度的进一步增加，吸附位点逐渐饱和并达到吸附平衡。此外，较高的温度有利于 Dy（Ⅲ）的吸收，但影响有限。考虑到实际情况，后续试验选用 298K 的吸附温度。

为了更好地理解 Dy（Ⅲ）与纤维的相互作用机理，更好地量化吸附数据，采用Langmuir、Temkin、Dubinin-Radushkevich（D-R）和Freundlich四种常用的吸附等温线模型对试验数据进行拟合。Langmuir模型描述了吸附发生在均匀表面上的单层吸附，吸附离子之间没有任何相互作用。Freundlich模型假设为多层吸附。Temkin模型的前提是，由于吸附剂与吸附物的相互作用，一层中整个分子的吸附能随着单层吸附而线性下降。D-R等温线同时具有Langmuir等温线和Freundlich等温线的特征。图2-8（b）～（e）显示了这四种吸附模型在不同温度下的线性线图，表2-3给出了各种等温模型的相关参数。由表2-3可知，

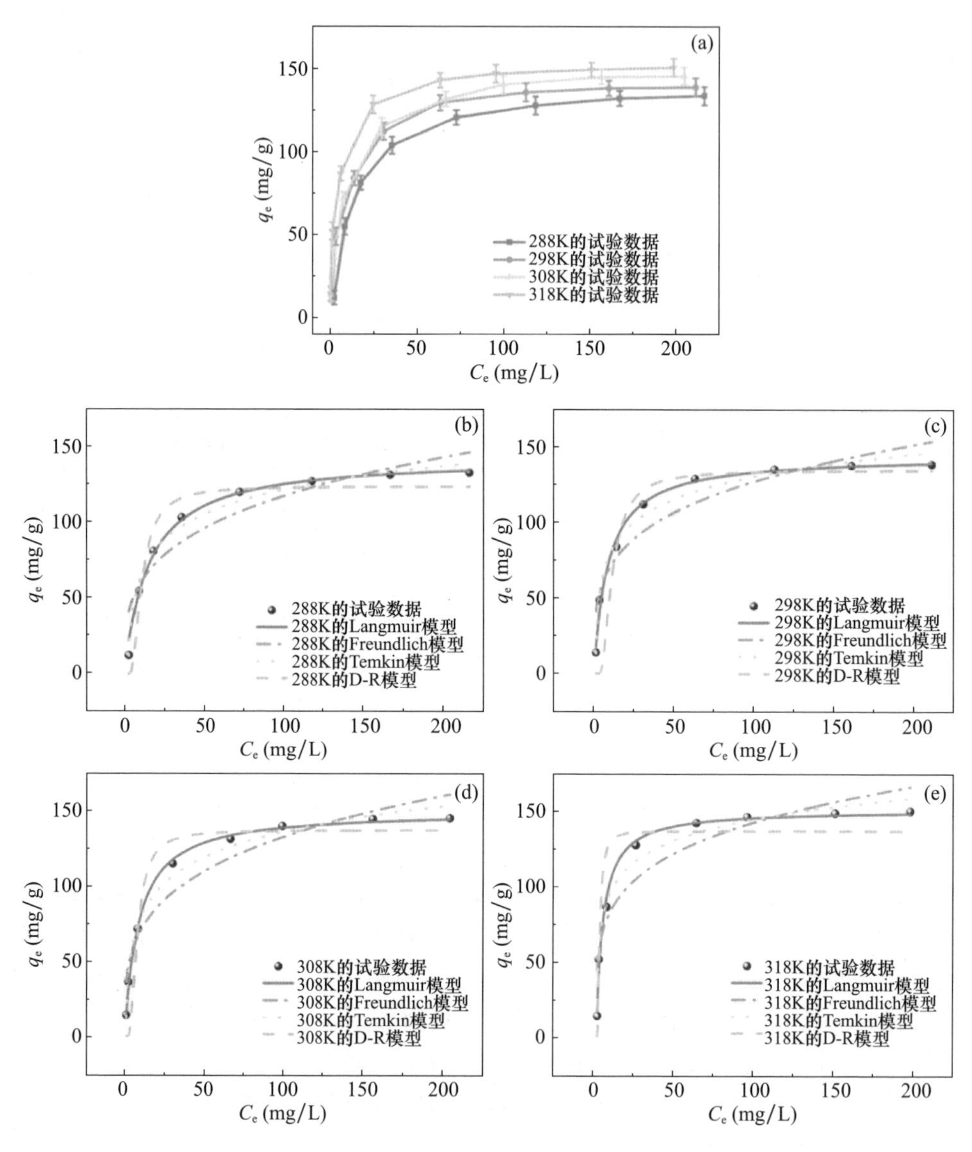

图2-8 （a）初始Dy（Ⅲ）浓度对IIF-3对Dy（Ⅲ）吸附能力的影响；（b）～（e）Dy（Ⅲ）对应的IIF-3拟合曲线

Langmuir 等温线模型在 288K、298K、308K 和 318K 时的 R^2 值分别为 0.9921、0.9937、0.9979 和 0.9911，均高于其他三种模型。另外，利用 Langmuir 方程计算的 IIF-3 和 NIIF 的 q_e 值更接近试验结果。结果表明，Langmuir 模型更适合描述 IIF-3 和 NIIF 对 Dy（Ⅲ）的吸附行为，表明其为单层吸附过程。

表 2-3 不同温度下 Dy（Ⅲ）离子的 IIF-3 等温线参数

等温线	参数	单位	评价			
			288K	298K	308K	318K
Langmuir	q_m	mg/g	141.6415	142.5316	147.6251	148.1386
	K_L	L/g	0.0677	0.1142	0.1217	0.2535
	R^2	—	0.9921	0.9937	0.9979	0.9911
Freundlich	K_F	$mg^{1-n}L^n/g$	31.2566	39.3291	41.3249	52.1002
	n	—	0.2879	0.2551	0.2699	0.2196
	R^2	—	0.8791	0.8912	0.9094	0.8922
Temkin	B	J/mol	22.7767	21.4373	20.2259	19.7576
	K_t	L/g	2.1567	3.8923	4.6321	8.935
	R^2	—	0.9829	0.9848	0.9839	0.9793
D-R	q_m	mg/g	118.2905	126.7509	130.3967	132.3005
	K_{DR}	mol^2/kJ^2	86.3723	45.4435	27.2005	6.0266
	R^2	—	0.9412	0.8272	0.8846	0.8828

吸附热力学：为了更深入地了解吸附后吸附剂的结构和固有能的变化，通过计算标准吉布斯自由能（$\Delta G°$）、焓（$\Delta H°$）和熵（$\Delta S°$）的变化，进一步探讨了温度对 Dy（Ⅲ）对 IIF-3 吸附行为的影响。热力学参数由下式求得：

$$K_D=\frac{q_e}{C_e} \tag{2-14}$$

$$\Delta G=-RT\ln K_D \tag{2-15}$$

$$\ln K_D=\frac{\Delta S}{R}-\frac{\Delta H}{RT} \tag{2-16}$$

式中，T 为开尔文温度（K）；R 为通用气体常数［8.314J/（mol·K）］；K_D（mL/g）为热力学平衡常数。另外，ΔS 和 ΔH 的值可以通过 ln（q_e/C_e）与 $1/T$ 的线性拟合来计算。

由表 2-4 可知，ΔG 值在所有温度下均为负值，表明 Dy（Ⅲ）被 IIF-3 吸收是一个自发过程。ΔG 的绝对值随温度的升高而减小（从－15.358kJ/mol 减小到－17.519kJ/mol），说明温度的升高有利于 IIF-3 对 Dy（Ⅲ）的吸收，这与图 2-8（a）的试验观察结果一致。ΔH 为正值（5.397kJ/mol），表明 IIF-3 对 Dy（Ⅲ）具有吸热吸附性质。此外，ΔS°［72.066J/（mol·L)］的正值表明，Dy（Ⅲ）离子对吸附剂具有良好的亲和力，并且在 Dy（Ⅲ）摄取过程中，固-液界面的随机性增加。在核壳纳米颗粒对 Dy（Ⅲ）的吸附研究中也发现了类似的吸附行为。

表 2-4 吸附 Dy（Ⅲ）在 IIF-3 上的热力学参数

T（K）	ΔG（kJ/mol）	ΔS［J/（mol·L)］	ΔH（kJ/mol）
288	−15.358	72.066	5.397
298	−16.079		
308	−16.799		
318	−17.519		

干扰离子效应：由于在采矿或工业废水中，Dy（Ⅲ）离子通常与其他碱金属离子、碱土金属离子、过渡金属离子和 REE 离子共存，因此在吸附剂上选择性捕获 Dy（Ⅲ）离子对其实际应用具有重要意义。因此，使用含有 Na（Ⅰ）、K（Ⅰ）、Ca（Ⅱ）、Mg（Ⅱ）、Cu（Ⅱ）、Co（Ⅱ）、Zn（Ⅱ）、Ni（Ⅱ）、La（Ⅲ）、Nd（Ⅲ）和 Gd（Ⅲ）离子的溶液来评估 IIF-3 和 NIIF 对 Dy（Ⅲ）离子的选择性。此外，竞争离子和 Dy（Ⅲ）离子的浓度均为 250mg/L。如图 2-9 所示，两种材料的吸附量大小依次为：碱金属离子＜碱土金属离子＜过渡金属离子＜REE 离子。稀土离子相对于其他类型的金属离子具有较高的选择性，一方面，由于配体基团对体积较大的稀土离子具有较好的螯合作用。另一方面，根据皮尔逊软硬酸碱（HSAB）理论，吸附剂的磷酸基和胺基为硬碱，对硬酸性 REE 离子具有较强的亲和力。然而，两种吸附剂对 Na（Ⅰ）、K（Ⅰ）、Ca（Ⅱ）和 Mg（Ⅱ）的吸收量，由于配位能力差而可以忽略不计。此外，研究结果还表明，高价阳离子通常比低价阳离子具有更强的结合亲和力。

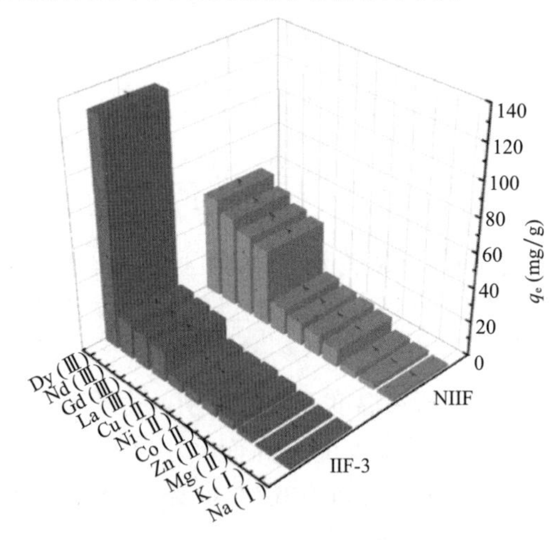

图 2-9 IIF-3 在多组分体系中对 Dy（Ⅲ）的选择性吸附性能

离子印迹聚合物对给定金属离子的亲和力通过分布系数值 K_D（mL/g）和选择系数 K 来估计，其计算公式如下：

$$K_D=\frac{(C_0-C_e)\ V}{mC_e} \tag{2-17}$$

式中，K_D为分布系数；C_0为水溶液中初始金属离子浓度（mg/L）；C_e 为水溶液中最终金属离子浓度（mg/L）；V 为溶液体积（mL）；m 为吸附剂质量（g）。

$$K=\frac{K_D\ (Dy^{3+})}{K_D\ (M^{n+})} \tag{2-18}$$

式中，K 为选择系数；M 代表 Na（Ⅰ）、K（Ⅰ）、Ca（Ⅱ）、Mg（Ⅱ）、Cu（Ⅱ）、Co（Ⅱ）、Zn（Ⅱ）、Ni（Ⅱ）、La（Ⅲ）、Nd（Ⅲ）和 Gd（Ⅲ）；K 表示水溶液中存在其他金属离子时对 Dy（Ⅲ）的吸附选择性。

$$K_r=\frac{K_{\text{imprinted}}}{K_{\text{non-imprinted}}} \tag{2-19}$$

式中，$K_{\text{imprintied}}$和 $K_{\text{non-imprintied}}$是 Dy（Ⅲ）离子印迹聚合物和非印迹聚合物的选择性系数。

值得注意的是，尽管其他 REE 离子具有与 Dy（Ⅲ）离子相似的大小，以及与氨基和磷基配体相似的亲和力，但 IIF-3 仍然表现出优异的选择性吸附水溶液中混合离子中的 Dy（Ⅲ）的能力。在多离子共存体系中，IIF-3 对 Dy（Ⅲ）的吸收能力为 130.67mg/g，与在单个金属离子溶液中几乎相同。相反，NIP 对所有稀土离子的吸附能力几乎相同。为了进一步探索制备的材料对 Dy（Ⅲ）的识别特性，计算了分布系数 K_D、选择性系数 K 和相对选择性系数 K_r，见表 2-5。可以看出，IIF-3 对 Dy（Ⅲ）的 K_D值高达 1141.63，远远大于相同介质中竞争离子的 K_D 值。此外，对于 Dy（Ⅲ）/La（Ⅲ）、Dy（Ⅲ）/Nd（Ⅲ）和 Dy（Ⅲ）/Gd（Ⅲ），IIF-3 的 K 值分别为 15.89、13.24 和 14.54，相对于 La（Ⅲ）、Nd（Ⅲ）和 Gd（Ⅲ），IIF-3 的 K 值远高于 NIP 对 Dy（Ⅲ）的 K 值。Dy（Ⅲ）/La（Ⅲ）、Dy（Ⅲ）/Nd（Ⅲ）和 Dy（Ⅲ）/Gd（Ⅲ）的 K_r 值分别为 12.71、11.93 和 12.22，这些结果清楚地揭示了 IIF-3 在各种竞争体系中对 Dy（Ⅲ）具有很强的选择性和识别能力。高吸附选择性可归因于 IIF-3 纤维中的官能团通过离子印迹技术对 Dy（Ⅲ）形成互补的空间结构和固定的配位结构。

表 2-5　Dy（Ⅲ）对 Nd（Ⅲ）、Gd（Ⅲ）、La（Ⅲ）、Cu（Ⅱ）、Ni（Ⅱ）、Zn（Ⅱ）、Co（Ⅱ）、Mg（Ⅱ）、Ca（Ⅱ）、K（Ⅰ）和 Na（Ⅰ）离子的分布系数 K_D、选择性系数 K [Dy（Ⅲ）/M^{n+}] 和相对选择性系数 K_r

金属	分布系数 K_D（mL/g）		选择性系数 K [Dy（Ⅲ）/M^{n+}]		相对选择系数 K_r
	IIF-3	NIIF	IIF-3	NIIF	
Dy（Ⅲ）	1141.63	128.42	—	—	—

续表

金属	分布系数 K_D（mL/g）		选择性系数 K [Dy（Ⅲ）/M^{n+}]		相对选择性系数 K_r
	IIF-3	NIIF	IIF-3	NIIF	
Nd（Ⅲ）	86.23	115.26	13.24	1.11	11.93
Gd（Ⅲ）	78.54	107.29	14.54	1.19	12.22
La（Ⅲ）	71.82	102.37	15.89	1.25	12.71
Cu（Ⅱ）	15.82	31.51	72.16	4.07	17.73
Ni（Ⅱ）	14.27	26.42	80.00	4.86	16.46
Zn（Ⅱ）	11.25	19.47	101.48	6.59	17.42
Co（Ⅱ）	12.94	22.25	88.22	5.77	15.29
Mg（Ⅱ）	9.15	14.76	124.77	8.70	14.34
Ca（Ⅱ）	7.24	10.26	157.68	12.52	12.59
K（Ⅰ）	4.94	7.03	231.09	18.27	12.65
Na（Ⅰ）	3.87	4.82	294.99	26.64	11.07

2.3.4 离子印迹聚丙烯腈纤维吸附剂吸附机理分析

通过检测 Dy（Ⅲ）（D-IIF-3）吸附前后 IIF-3 的 FT-IR 光谱，评价了 Dy（Ⅲ）离子在制备的 IIF-3 纤维上的吸附机理。如图 2-10（a）所示，在摄取 Dy（Ⅲ）离子后，$—NH_2$基团在 1662cm^{-1}处的特征峰移至 1654cm^{-1}。此外，观察到 C=N 峰强度显著降低，从 1627cm^{-1}移动到 1618cm^{-1}，另外，吸附 Dy（Ⅲ）后，在 1089cm^{-1}附近有一条属于 P—O 键位移至 1099cm^{-1}的伸缩振动带。而且，Dy（Ⅲ）加载后，在 808cm^{-1}处出现了一个新的峰，这归因于 O—Dy 键。FT-IR 光谱的这些变化表明，IIF-3 上的官能团与镝物质之间发生了结合反应。

为了进一步探讨 IIF-3 对 Dy（Ⅲ）离子的吸附机理，采用 XPS 分析测定了吸附 Dy（Ⅲ）前后吸附剂的表面化学组成。如图 2-10（b）所示，在 IIF-3 的宽扫描光谱中可以明显地观察到 C 1s、O 1s、N 1s 和 P 2p 的峰。另外，D-IIF-3 的 XPS 光谱显示 Dy 3d 1296.8eV 的存在，证实了 Dy 在 IIF-3 上的成功吸附。从图 2-10（c）～（f）可以看出，IIF-3 的高分辨率 N 1s 光谱可以反卷积成 400.16eV 和 399.32eV 的两个峰，分别对应 C=N/C—N 键和$—NH_2$基团。吸附后，C=N/C—N 键的峰值从 400.16eV 明显移动到 400.62eV，$—NH_2$的峰值的结合能有更高的移动到 399.78eV，这是由于 Dy（Ⅲ）与 IIF-3 表面印迹空腔的含氮官能团之间的络合吸引所致。对于 IIF 的 P-2p 谱曲线拟合，在结合能 132.45eV 和 133.41eV 处有两个峰，分别对应于 P—C 和 P=O/P—OH 基团。在摄取 Dy（Ⅲ）后，P=O/P—OH 基团转移到 133.58eV 的较低结合能，表明这些含磷官能团参与了与 Dy（Ⅲ）的配位。

结合以上观察结果和 pH 的研究结果，Dy（Ⅲ）离子与 IIF-3 的相互作用机制主要包括静电吸引、P＝O/P—OH 和—NH_2/C＝N 基团与 Dy（Ⅲ）离子的配位。

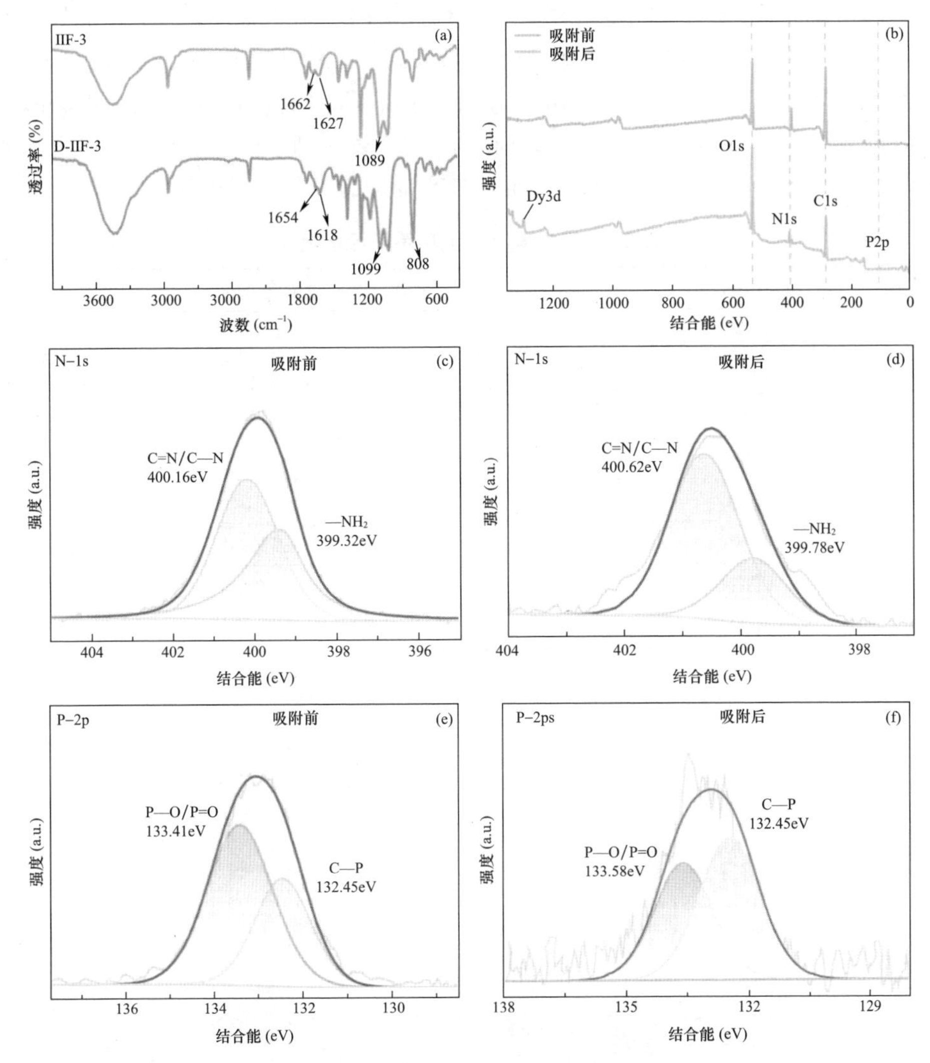

图 2-10 （a）摄取 Dy（Ⅲ）前后 IIF-3 的 FT-IR 光谱；
（b）摄取 Dy（Ⅲ）前后 IIF-3 的 XPS 宽扫描；
（c）～（f）摄取 Dy（Ⅲ）前后 IIF-3 的 N-1s 和 P-2p 高分辨 XPS 谱图

2.3.5 离子印迹聚丙烯腈纤维吸附剂对实际废水中 Dy（Ⅲ）的吸附分析

为了进一步探索 IIF-3 在实际废水中选择性和高效去除 Dy（Ⅲ）的能力，收集了位于福建省的一家稀土精炼厂的实际废水样本。表 2-6 显示了真实废水的化学特性。吸附试验前，先用 0.45μm 滤膜过滤水样，去除悬浮颗粒。然后，用 1mg/L 的 Dy（Ⅲ）离子和 10mg/L 的共存离子，包括 Na（Ⅰ）、Ca（Ⅱ）、Mg（Ⅱ）、Cu（Ⅱ）和 Gd（Ⅲ）进行模拟。同时，将模拟废水的 pH 值调整为 5。如图 2-11 所示，IIF-3 对实际多组分竞争离子废水中的 Dy（Ⅲ）具有一定的捕获能力，对 Dy（Ⅲ）的去除率高达 95.2%，与去离子水中的去除率（99.1%）几乎相当。然而，对 Na（Ⅰ）、Ca（Ⅱ）、Mg（Ⅱ）、Cu（Ⅱ）和 Gd（Ⅲ）的去除率分别为 1.4%、1.7%、2.9%、5.2%和 8.1%，表明制备的 IIF-3 在实际废水或其他液态镝资源中选择性捕获 Dy（Ⅲ）具有良好的工业应用前景。

表 2-6 福建省某稀土精炼厂污水组成

指标	质量浓度（mg/L）
碱度	1142
DO	3.1
tCOD	114
TP	5.72
sCOD	34
TSS	171
TKN	60
TAN	12.4

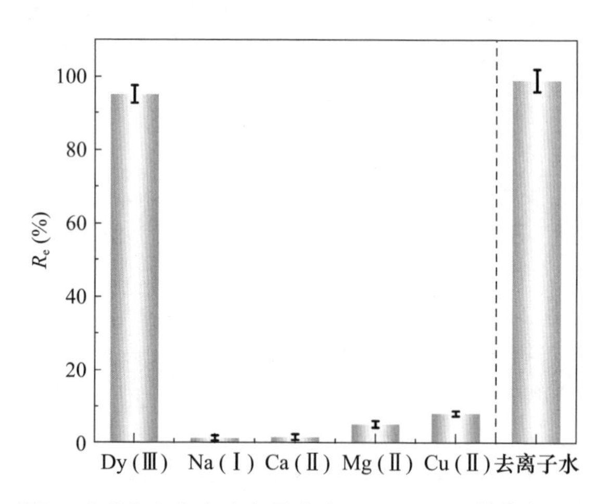

图 2-11 IIF-3 对真实废水和去离子水中 Dy（Ⅲ）及共存离子的去除效率

再生和可重复利用性：由于 IIF-3 纤维对 Dy（Ⅲ）离子的再生和重用性是评价其应用潜力和竞争力的重要指标，研究结果如图 2-12 所示。令人鼓舞的是，以 1mol/L HCl 溶液为洗脱液，以及在 6 次重复试验中，D-IIF-3 纤维中 Dy（Ⅲ）

离子的每个周期解吸效率分别为 99.1%、98.2%、96.4%、94.7%、93.5%和 92.1%。另外，经过 6 次再生循环后，Dy（Ⅲ）对 IIF-3 的吸附量仍保持在 109.2mg/g。而且，从 FT-IR 光谱（图 2-13）可以看出，IIF-3 吸附前的特征峰与吸附剂回收 6 次后的特征峰几乎相同。此外，经过 6 次再生后，虽然纤维表面出现了更多的裂纹，但重复使用的 IIF-3 纤维的完整性仍然得到了很好的保存（图 2-14）。这些结果证实了 IIF-3 是一种很有前途的可回收吸附剂，并且具有从水溶液中捕获 Dy（Ⅲ）离子的优异能力。

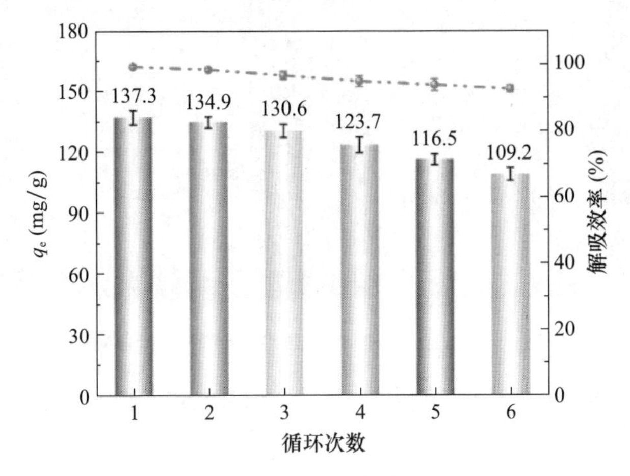

图 2-12　IIF-3 在六个周期内的可重用性

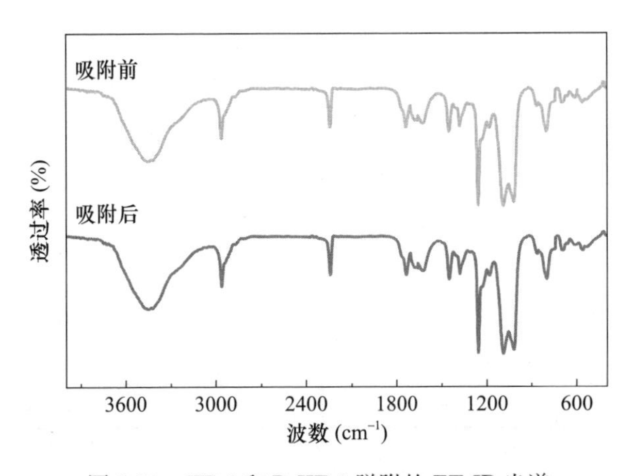

图 2-13　IIF-3 和 D-IIF-3 脱附的 FT-IR 光谱

与其他吸附剂的比较：表 2-7 显示了新开发的 IIF-3 纤维吸附剂与其他最近报道的材料的比较。可见，IIF-3 不仅对 Dy（Ⅲ）离子具有良好的吸附能力，而且在各种竞争离子中对 Dy（Ⅲ）也具有较强的选择性和识别能力。纤维吸附剂吸附后易于从溶液中分离的特性也证实了 IIF-3 的优势，尽管表 2-7 中一些粉状材料所需的平衡时间比 IIF-3 略短，但由于固液分离过程的不方便和复杂，粉状材料不能直接用于实际应用。特别是对于 IIF-3 的合成，在微波照射条件下采用简便的一步磷酸化方法，不仅可以减少合成时间和成本，而且可以显著提高 IIF-3 表面官能团的移植率，这些结果清楚地表明 IIF-3 与其他新报道的材料相比具有显著的优势。

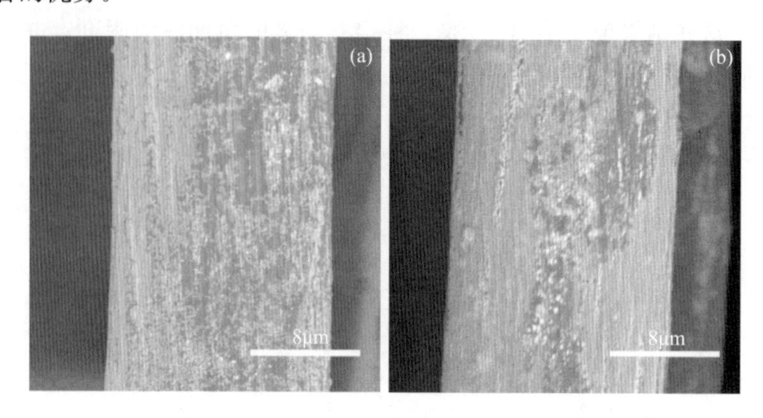

图 2-14　(a) IIF-3 和 (b) D-IIF-3 脱附的 SEM 图像

表 2-7　IIF-3 与其他已报道吸附剂吸附 Dy（Ⅲ）的比较

吸附剂	相对选择性系数 K_r	吸附容量(mg/g)	平衡时间(min)	pH
o-CNCs/GO-IIPs	0.071～3.183	41.79	200	4.0
$SiO_2/PVI/H_2PO_4$-NPs	—	150	35	4.0
P-IAM	—	40.41	600	5.0
I-GO-OBC-pDA-PEG	—	49.904	100	4.0
IGCPA	—	36.495	360	5.0
IMS	—	22.33	180	2.0
M-PPTA	—	25.89	130	5.5
I-APT-GT-OBC	—	48.762	100	5.0
BMA-吸附剂	—	28.6	180	2.0
IIF-3	11.07～17.73	138.7	60	5

2.4　本章小结

综上所述，首次在微波条件下，将简易一步磷酸化反应策略与表面离子印迹技术相结合，成功合成了一种新型离子印迹聚丙烯腈纤维（IIF-3），并应用于废水中 Dy（Ⅲ）离子的选择性回收。更重要的是，得益于微波辐射的高效率和一步磷酸化反应方法，可以在短的反应时间内同时引入伯胺和磷酸基团的高移植率，在合成磷酸化纤维方面具有传统方法明显的优势。此外，经过压印处理后，纤维的稳定性得到了显著提高。此外，由于氨基膦酸基团的特殊配位性质，所得IIF-3对Dy（Ⅲ）具有良好的选择性识别能力，最大吸附量为138.7mg/g。而且，经过6次循环再生试验，IIF-3的吸收能力和结构变化可以忽略不计，表明其具有良好的稳定性和再生能力。因此，这项工作不仅提供了一个有希望的制造磷酸化离子印迹聚丙烯腈纤维的策略，而且还证实了IIF-3可以作为一种有效的吸附剂，用于从废水中选择性捕获Dy（Ⅲ）。

参考文献

［1］ R K JYOTHI，T THENEPALLI，J W AHN，et al. Review of rare earth elements recovery from secondary resources for clean energy technologies：grand opportunities to create wealth from waste［J］. J Clean Prod，2020，267：122048.

［2］ T LIU，J CHEN. Extraction and separation of heavy rare earth elements：a review［J］. Sep Purif Technol，2021，276：119263.

［3］ Z CHEN，Z LI，J CHEN，et al. Recent advances in selective separation technologies of rare earth elements：a review［J］. J Environ Chem. Eng，2022，10：107104.

［4］ C ERUST，AAKCIL，A TUNCUK，et al. A multi-stage process for recovery of neodymium（Nd）and dysprosium（Dy）from spent hard disc drives（HDDs）［J］. Min Proc Ext Met Rev，2021，42：90-101.

［5］ V AGARWAL，M S SAFARZADEH. Solvent extraction and molecular modeling studies of Dy（Ⅲ）using acidic extractants［J］. J Mol Li，2020，304：112452.

［6］ H VAPNIK，J ELBERT，X SU. Redox-copolymers for the recovery of rare earth elements by electrochemically regenerated ion-exchange［J］. J Mater Chem A，2021，9：20068-20077.

［7］ L DING，G AZIMI. Separation of heavy（dysprosium）and light（praseodymium，neodymium）rare earth elements using electrodialysis［J］. Hydrometallurgy，2023，222：106167.

［8］ G V BRIAO，M G C DA SILVA，M G A VIEIRA. Dysprosium adsorption on expanded vermiculite：kinetics，selectivity and desorption［J］. Colloids Surf，A Physicochem Eng Asp，2021，630：127616.

［9］ Y ZHANG，T BIAN，R JIANG，et al. Bionic chitosan-carbon imprinted aerogel for high selective recovery of Gd（Ⅲ）from end-of-life rare earth productions［J］. J Hazard Mater，2021，407：124347.

［10］ O DUDARKO，N KOBYLINSKA，B MISHRA，et al. Facile strategies for synthesis of functionalized mesoporous silicas for the removal of rare-earth elements and heavy metals from aqueous systems［J］. Micropor Mesopor Mat，2021，315：110919.

[11] S RAVI, S-Y KIM, Y-S BAE. Novel benzylphosphate-based covalent porous organic polymers for the effective capture of rare earth elements from aqueous solutions [J]. J Hazard Mater, 2022, 424:127356.

[12] L PEI, X ZHAO, B LIU, et al. Rationally tailoring pore and surface properties of metal-organic frameworks for boosting adsorption of Dy^{3+} [J]. ACS Appl Mater Interfaces, 2021, 13:46763-46771.

[13] M CAO, Y WANG, L FENG, et al. Ion-imprinted nanocellulose aerogel with comprehensive optimized performance for uranium extraction from seawater [J]. Chem Eng J, 2023, 475:146048.

[14] Y JIANG, B TANG, P ZHAO, et al. Synthesis of copper and lead ion imprinted polymer submicron spheres to remove Cu^{2+} and Pb^{2+} [J]. J Inorga Organomet P, 2021, 31:4628-4636.

[15] J LUO, C PENG, G WANG, et al. Selective removal of La (Ⅲ) from mine tailwater using porous titanium phosphate monolith: adsorption behavior and mechanism [J]. J Environ Chem Eng, 2023, 11:109409.

[16] E LIU, X XU, X ZHENG, et al. An ion imprinted macroporous chitosan membrane for efficiently selective adsorption of dysprosium [J]. Sep Purif Technol, 2017, 189:288-295.

[17] A HASHEM, C O ANIAGOR, M F NASR, et al. Efficacy of treated sodium alginate and activated carbon fibre for Pb (Ⅱ) adsorption [J]. Int J Biol Macromol, 2021, 176:201-216.

[18] F MA, Y GUI, P LIU, et al. Functional fibrous materials-based adsorbents for uranium adsorption and environmental remediation [J]. Chem Eng J, 2020, 390:124597.

[19] S DENG, G ZHANG, S LIANG, et al. Microwave assisted preparation of thio-functionalized polyacrylonitrile fiber for the selective and enhanced adsorption of mercury and cadmium from water [J]. ACS Sustain Chem Eng, 2017, 5:6054-6063.

[20] C CHEN, Z CHEN, J SHEN, et al. Dynamic adsorption models and artificial neural network prediction of mercury adsorption by a dendrimer-grafted polyacrylonitrile fiber in fixed-bed column [J]. J Clean Prod, 2021, 310:127511.

[21] C CHEN, J KANG, J SHEN, et al. Selective and efficient removal of Hg (Ⅱ) from aqueous media by a low-cost dendrimer-grafted polyacrylonitrile fiber: performance and mechanism [J]. Chemosphere, 2021, 262:127836.

[22] A GUPTA, V SHARMA, P K MISHRA, et al. A review on polyacrylonitrile as an effective and economic constituent of adsorbents for wastewater treatment [J]. Molecules, 2022, 27:8689.

[23] G XU, L WANG, Y XIE, et al. Highly selective and efficient adsorption of Hg^{2+} by a recyclable aminophosphonic acid functionalized polyacrylonitrile fiber [J]. J Hazard Mater, 2018, 344:679-688.

[24] Z LI, S CHEN, F ZI, et al. Aminophosphonic acid derivatized polyacrylonitrile fiber for rapid adsorption of $Au(S_2O_3)_2^{3-}$ from thiosulfate solution [J]. Arab J Chem, 2023, 16:105009.

[25] S DENG, C YU, J NIU, et al. Microwave assisted synthesis of phosphorylated PAN fiber for highly efficient and enhanced extraction of U (Ⅵ) ions from water [J]. Chem Eng J, 2020, 392:123815.

[26] W YIN, L LIU, H ZHANG, et al. A facile solvent-free and one-step route to prepare amino-phosphonic acid functionalized hollow mesoporous silica nanospheres for efficient Gd (Ⅲ) removal [J]. J Clean Prod, 2020, 243:118688.

[27] W YIN, X ZHAN, P FANG, et al. A facile one-pot strategy to functionalize graphene oxide with poly (amino-phosphonic acid) derived from wasted acrylic fibers for effective Gd (Ⅲ) capture [J]. ACS Sustain Chem Eng, 2019, 7:19857-19869.

[28] L WU, M YANG, L YAO, et al. Polyaminophosphoric acid-modified ion-imprinted chitosan aerogel with enhanced antimicrobial activity forselective La (Ⅲ) recovery and oil/water separation [J]. ACS Appl Mater Interfaces, 2022, 14:53947-53959.

[29] M MONIER, D A ABDEL-LALIF. Synthesis and characterization of ion-imprinted chelating fibers based on PET for selective removal of Hg^{2+} [J]. Chem Eng J, 2013, 221:452-460.

[30] X ZHU, H LIU, Y WU, et al. Preparation and catalytic properties of polydopamine-modified polyacrylonitrile fibers functionalized with silver nanoparticles [J]. RSC Adv, 2022, 12:25906-25911.

[31] K NAITO, Y TANAKA, J M YANG, et al. Tensile properties of ultrahigh strength PAN-based, ultrahigh modulus pitch-based and high ductility pitch-based carbon fibers [J]. Carbon, 2008, 46:189-195.

3 UiO-66/聚酯织物复合膜的制备及水处理效能研究

3.1 研究概况

稀土是重要的不可再生战略资源，是高新技术领域各种功能材料的关键要素。另外，石油萃取法是分离稀土元素使用的广泛的方法之一。随着稀土工业的快速发展，稀土冶炼过程中由于提取工艺的不稳定性，产生了大量含油废水，特别是油水乳剂。稀土采油废水作为一种特殊的污染水，不仅含有不溶性油相，包括稀释剂（如磺化煤油）和各种萃取剂（如 P507），而且还含有水溶性有毒的稀土金属离子和重金属离子，可能对水生生物和人体健康造成严重损害，引起了社会的高度关注。在稀土金属中，钆（Gd）被认为是最重要和被大量使用的一种，它具有最大的磁矩，被广泛应用于 MRI 剂、磁制冷材料和中子吸收剂。因此，迫切需要开发一种同时去除不溶性油和捕获可溶性稀土离子［如 Gd（Ⅲ）离子］的有效策略。

目前，油水分离被广泛认为是含油废水处理的关键，膜被认为是分离油水混合物的优秀材料之一。同时，用于含油废水处理的具有特殊润湿性的仿生超可湿膜受到了广泛关注，因为这种膜的超润湿性可以选择性地从含油废水中分离水或油。在两种典型的超湿材料中，“除水”型膜比“除油”型膜更受欢迎，因为它们具有优异的防污性能。到目前为止，已经成功制备了大量的超亲水性和水下超疏油膜来分离含油废水。如 Zhou 等制备了具有超低黏油性能的超亲水、水下超疏油棉织物膜。虽然这些报道的超可湿性膜具有优异的油水分离性能，但大多数都受到制造方法复杂和成本高的限制。因此，开发一种简单、经济、有效的制备超亲水性和水下超疏油分离膜的方法至关重要。

目前，常用的具有特殊润湿特性的油水分离膜主要是通过浸渍、接枝、喷涂和静电纺丝等方法，在织物、金属网和聚合物过滤膜等不同的基材上构建微纳米级结构来制备的。在目前报道的众多基材中，涤纶织物（PF）因其成本低、孔隙大、机械柔韧性好、化学用途广泛、表面润湿性可变等优点而受到极大的关注。迄今为止，已经开发了许多具有特殊润湿性的 PF-基膜材料，用于分离油/水混合物。例如，Li 等报道了一种新的气液界面反应途径，制备了超亲水性和水下超疏油性聚酯织物膜，在油水混合物中具有很高的分离效率。同样，Liu 等制备了一种仿生超亲水、水下超疏油的基于 PF 的分离膜，该膜具有较高的油水分离通量。然而，很少有研究探索使用这种膜同时去除废水中的多种污染物。此外，目前用于含油废水处理的 PF-基膜很少具有捕获稀土金属离子的功能。因此，设计一种高效的具有油水分离和稀土金属回收能力的 PF-基膜以简化操作已迫在眉睫。

在膜设计阶段，合理选择改性材料，使膜具有多种功能是最重要的问题之一。在可用于制备超亲水和水下超疏油膜的各种材料中，金属有机框架（MOFs）因其粒径小、孔隙率高、与聚合物网络的相容性和可调性而受到特别关注，并被广泛用作膜的功能化剂。另外，由于 MOFs 独特的结构和物理化学性质，包括不同官能团的丰富和较大的比表面积，对水中有毒金属离子的吸附是一个快速扩展的领域。特别是 UiO-66 和 UiO-66-NH_2的 Zr-基 MOFs，由于其优异的化学和机械稳定性（在 pH 为 0～12 下稳定），在稀土金属回收方面受到了极大的关注。因此，当 MOFs 负载在膜上时，MOF 修饰膜可以具有稀土金属吸附能力、超亲水和水下超疏油性能。同时，MOFs 的有机配体与底物之间的强配位相互作用可以增强膜的稳定性。例如 Zhao 等构建的 MIL-100（Fe）改性静电纺聚丙烯腈膜，可用于去除废水中的不溶性油和可溶性染料，该杂化膜的优异性能主要归功于层次化微结构的协同作用和 MOFs 对可溶性物质的高吸收能力。然而，能够从水中去除油和选择性捕获稀土［如 Gd（Ⅲ）］的复合膜很少有报道。此外，由于材料的结合位点有限，原始 MOFs 对 Gd（Ⅲ）的吸附能力仍然较低。为了在油水分离过程中有效捕获 Gd（Ⅲ）离子，对 Gd（Ⅲ）离子具有强选择性亲和力的特定亲水性材料至关重要。羧基和磷酸基衍生物是众所周知的稀土金属离子的配体，已被广泛用于稀土金属离子的选择性捕获，这表明羧基和磷酸基材料与超可湿性 PF-基膜的整合具有很大的潜力，可以在油/水分离过程中实现对 Gd（Ⅲ）离子的有效捕获。

本文通过原位生长的方法，将 2-羟基膦乙酸功能化的 Zr-MOFs（H-UiO-66）负载在 PF 上，制备了具有超亲水性和水下超疏油性能的新型多功能膜（简称 H-UiO-66-PFx），并将其应用于同时捕获 Gd（Ⅲ）、分离油/水和乳液。在制备过程中，首先对 PF 进行表面活化，引入的羟基和羧基端基，不仅可以增强原始 PF 的亲水性，还可以作为锚定点促进 Zr-MOFs 在膜表面的生长。另外，采用对苯二甲酸（H_2BDC）和 2-羟基膦乙酸（HPAA）作为配体，HPAA 单元通过配体置换机制连接到 MOF 基质中。值得注意的是，HPAA 是一种被广泛使用的水处理剂，由于其成本低，亲水性好，对稀土离子的亲和力强，因此被选择作为有机配体和表面功能化剂。此外，UiO-66 衍生物的微纳米粗糙结构与亲水性化学成分的协同作用，使复合膜具有优异的超亲水性和水下超疏油性。因此结果表明，分别添加 2.6、2.0 和 1.0mmol $ZrCl_4$、H_2BDC 和 HPAA 的膜（H-UiO-66-PF2）具有最佳的同时捕获 Gd（Ⅲ）和分离油水、乳液的能力。据研究可知，这是第一次尝试制造复合膜来处理含稀土金属离子的含油废水。

3.2 试验内容和方法

3.2.1 UiO-66/聚酯织物复合膜的制备

UiO-66 的制备：采用溶剂热法来制备 UiO-66，将 H_2BDC（4.0mmol）和 $ZrCl_4$（4.0mmol）在超声作用下溶解于 40mL N,N-二甲基甲酰胺（DMF）中。然后，将上述混合物在 80℃下加热 24h。在空气中冷却至室温后，用 DMF 洗涤并真空干燥过夜。

复合膜的合成：如图 3-1 所示，H-UiO-66-PFx 是通过简单的两步法制备的，包括活化 PF 和与 MOFs 结合。第一步，将织物样品（2cm×4cm）在 120℃的 2% NaOH 溶液中水解 4h，然后在 1mol/L 的 HCl 溶液中浸泡 0.5h，以中和剩余碱的影响。随后，将碱处理织物（AF）用 DW 洗涤三次，并在 60℃下真空干燥 2h。第二步，通过原位生长法将 2-羟基膦乙酸功能化的 UiO-66 装饰在 AF 上。更具体地说，H-UiO-66-PF2 的典型程序如下：超声溶解 $ZrCl_4$（2.6mmol）、HPAA（1.0mmol）和 H_2BDC（2.0mmol）于 20mL DMF 中。将上述均质溶液与 HCl 溶液（4mL）混合，然后浸入 AF，然后转移到特氟龙内衬的高压釜中，在 80℃的烤箱中反应 24h。冷却至室温后，用甲醇和 DMF 洗涤三次。最后，H-UiO-66-PF2 在 80℃下真空干燥 10h。H-UiO-66-PF1 和 H-UiO-66-PF3 的合成方法与 H-UiO-66-PF2 相似，H-UiO-66-PF1 的 $ZrCl_4$、H_2BDC 和 HPAA 的摩尔量分别为 1.3、0.5 和 1.0mmol，H-UiO-66-PF3 的摩尔量分别为 4.6、2.0 和 4.0mmol。为了比较，以与 H-UiO-66-PF2 相同的方法、相同的 $ZrCl_4$ 和 H_2BDC 的摩尔量合成了 UiO-66-PF2 膜，但没有进行 HPAA 的修饰。

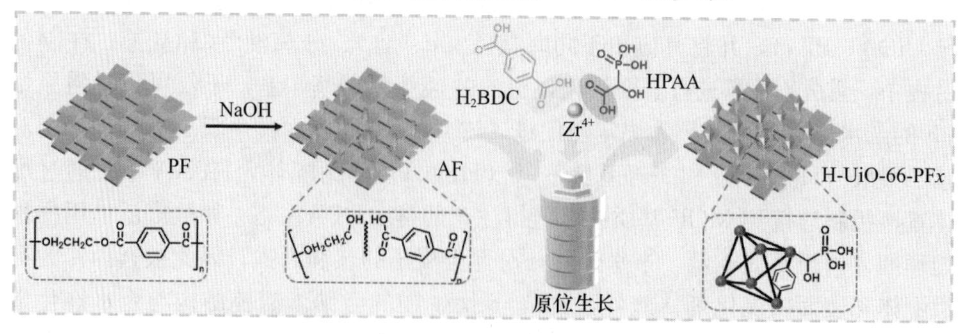

图 3-1　H-UiO-66-PFx 的制备工艺示意图

3.2.2　UiO-66/聚酯织物复合膜的表征测试

通过不同的表征方法对制备的材料进行了分析，采用扫描电镜（SEM，JSM-IT500）对材料的形貌进行了表征。透射电镜（TEM）观察采用 JEM-2100 型透射电镜（JEM-2100，JEOL，Japan），加速电压为 200kV。采用 Cu-Kα 辐射（λ=1.5406Å），在德国 Bruker D8 Advance X 射线衍射分析仪上进行粉末 X 射线衍射（XRD）测量。使用 ASAP2010（Micromeritics Inc.，USA）BET-BJH 仪器在 77K 下记录材料的比表面积和孔径分布，P/P_0 范围为 0.05～0.20。样品在 150℃下真空脱气 4h，然后进行 N_2 吸附/脱附测量。在 Malvern ZEN2600 Zetasizer 上测量了 H-UiO-66-PF2 的 Zeta 电位。傅立叶变换红外光谱（FT-IR）在 AVATAR 360 光谱仪（Nicolet，USA）上使用 KBr 圆盘法记录，范围为 4000～400cm^{-1}。用微机控制的电子万能试验机（LD22，上海力实科学仪器有限公司）测试了材料纤维的拉伸性能。保持纤维径长为 50mm，测试时十字速度为 50mm/min，随机抽取 50 个单纤维试样进行测量。材料的热重分析（TGA）使用 PerkinElmer 1061608 仪器在 25～800℃的温度范围内进行，在空气中加热速率为 10℃/min。接触角由 OCA-20 系统（Data-physics，San Jose，CA，USA）测量，并在室温下进行视频采集。液滴体积为 4μL。此外，对每个基板进行三次测量所得的接触角值取平均值。金属离子浓度测定采用原子吸收光谱仪（日本 Hitachi Z-8100）。X 射线光电子能谱（XPS）测量是用 Al Kα X 射线源的 Thermo VG Multilab 2000 光谱仪进行的。

3.2.3　UiO-66/聚酯织物复合膜对水油分离和水油乳液分离的试验

在自制的分离装置上进行油水分离试验，将膜固定在两根塑料管之间。以煤油/水为油水混合模型，水和煤油分别用甲基蓝和苏丹红（Ⅱ）染色。将制备好的膜片在水中预湿 5min，固定在过滤装置中，然后将 40mL 煤油和 40mL 水组成的油水混合物倒入过滤器中，单靠重力进行分离试验。用石油醚、正己烷、异辛烷、甲苯和二氯甲烷等几种其他油类来评估膜在油水分离中的潜力，并将 $V_{油}$ ∶ $V_{水}$ 设置为 1∶1。将水（0.5mL）、SDS（25mg）和 49.5mL 油（磺化煤油、石油醚、正己烷和甲苯）混合搅拌 10h，制备水包油乳液，并计算所得织物膜的分离效率（SE）和水通量（F），具体内容见下文：

分离效率（SE）（%）由式（3-1）确定：

$$SE=\frac{M_b}{M_a}\times 100\% \tag{3-1}$$

式中，M_a 和 M_b 分别表示分离后原始混合物和收集水的质量（g）。

水通量（F）［L/（m^2·h)］由公式（3-2）求得：

$$F=\frac{V}{St} \tag{3-2}$$

式中，S（m^2）为制备膜的有效面积；V（L）为t（h）时刻通过膜的水体积。

3.2.4 UiO-66/聚酯织物复合膜对水中Gd（Ⅲ）吸附与解吸的试验

为便于后续试验，将H-UiO-66-PF2膜切成片。采用10mg吸附剂，在25℃、200r/min的旋转振动机上进行批量吸附试验，并通过改变pH、初始Gd（Ⅲ）浓度和接触时间进行全面研究。用ICP-OES法测定Gd（Ⅲ）的浓度。在吸附过程中，2～7℃下，采用不同浓度的HCl或NaOH溶液（0.01～1.00mol/L）调节溶液的初始pH。等温线试验在初始Gd（Ⅲ）浓度范围为15～350mg/L，温度分别为288、298、308和318K。在吸附动力学试验中，接触时间为1～180min，所有试验重复3次。$q_{t,e}$（mg/g）和R（%）分别表示不同时间t（min）和平衡状态下Gd（Ⅲ）的吸附量和去除效率，采用公式（3-3）计算：

$$q_{t,e}=\frac{(C_0-C_{t,e})\times V}{m} \tag{3-3}$$

$$R(\%)=\frac{C_0-C_e}{C_0}\times 100\% \tag{3-4}$$

式中，$C_{t,e}$（mg/L）、C_0（mg/L）为t时刻或平衡、初始时刻溶液中Gd（Ⅲ）离子浓度；m（g）为吸附剂质量；V（L）为溶液体积。

UiO-66/聚酯织物复合膜回收试验：用0.3mol/L盐酸研究了Gd（Ⅲ）吸附的H-UiO-66-PF2的再生。具体来说，将负载Gd（Ⅲ）的吸附剂浸入HCl溶液（0.3mol/L，50mL）中12h。解吸后，分离用蒸馏水洗涤H-UiO-66-PF2，吸附-解吸重复循环5次。

每次过滤后用去离子水冲洗5min，检查H-UiO-66-PF2膜在油水分离中的可回收性，并在后续循环中直接重复使用。上述程序重复20次。

3.3 结果与讨论

3.3.1 表征结果分析

通过扫描电镜对膜的形态特征进行了检测，结果如图3-2所示。原始织物（PF）呈现出典型的纹理，表面光滑，平均纤维直径为18.6μm［图3-2（a）］。此外，织物AF纤维也呈现出相对光滑的表面［图3-2（b）］，说明织物在碱活化过程中没有受到结构损伤。原位生长Zr-MOFs纳米颗粒后，改性后的织物表面粗糙，表面纹理隐约可见。对于 H-UiO-66-PF1，在其纤维表面生长了许多叶状纳米晶体，形成了一层表皮［图 3-2（c）］。此外，支撑织物表面并没有完全被 MOF 纳米颗粒覆盖，可以观察到许多空隙［图 3-2（d）］。与之相比，H-UiO-66-PF2 的 MOF 颗粒涂层具有更好的连续覆盖和更均匀的分布［图 3-2（e）］。然而，H-UiO-66-PF3 的图像显示，MOF 颗粒团聚发生在更高浓度的 MOF 前驱体和更大的晶体尺寸［图 3-2（f）］。

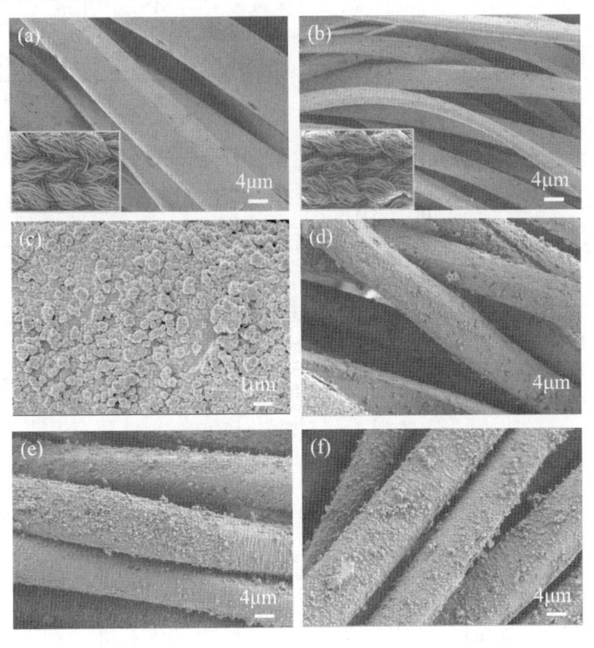

图 3-2 （a）PF、（b）AF、（c）（d）H-UiO-66-PF1、（e）H-UiO-66-PF2 和（f）H-UiO-66-PF3 的 SEM 图像

图 3-3（a）为原始 PF、AF、Uio-66、UiO-66-PF2、H-UiO-66-PF1、H-UiO-66-PF2、H-UiO-66-PF3 以及合成的 UiO-66 晶体的 XRD 图谱。可见，原始 PF 光谱中分别出现了 $2\theta=17.6°$、22.9°和 26.1°处的三个宽衍射峰。在 AF 的衍射图中也观察到这些衍射峰，表明表面活化过程没有破坏 PF 的晶体结构。此外，在 7.9°和 9.2°左右的 2θ 值处发现了两个与 UiO-66 相关的强且特征的衍射峰，证实了 UiO-66 的成功制备。此外，H-UiO-66-PFx 的所有衍射峰与 UiO-66 和 MOFs 的衍射峰具有较好的一致性，并且随着 H-UiO-66 分散体在 H-UiO-66-PFx 中添加量的增加，特征峰的强度略有增加，进一步表明结晶 Zr-MOFs 已成功地锚定在织物基底表面。此外，UiO-66-PF2 的 XRD 谱图与 H-UiO-66-PF2 的谱图吻合较好，从而证实了 HPAA 的改性不会破坏 UiO-66 的晶体结构。

油水分离性能：通过 TGA 分析考察了 PF、AF、UiO-66-PF2 和 H-UiO-66-PF2 的热稳定性，并评价了 H-UiO-66-PF2 的加载量，结果如图 3-3（b）所示。

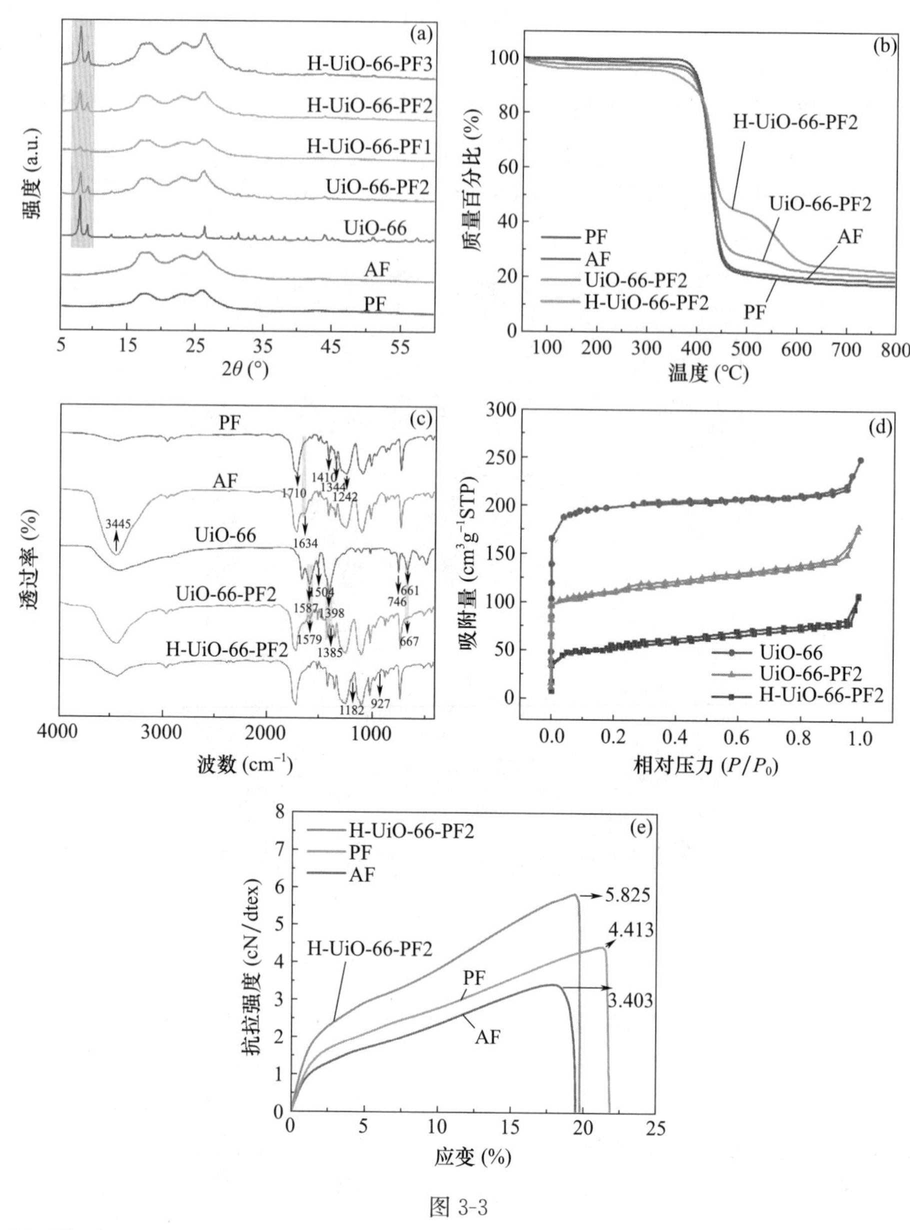

图 3-3

(a) PF、AF、UiO-66、UiO-66-PF2、H-UiO-66-PF1、H-UiO-66-PF2、H-UiO-66-PF3 的 XRD 谱图；

(b) PF、AF、UiO-66-PF2 和 H-UiO-66-PF2 的 TGA 曲线；

(c) PF、AF、UiO-66、UiO-66-PF2 和 H-UiO-66-PF2 的 FTIR 光谱；

(d) UiO-66、UiO-66-PF2 和 H-UiO-66-PF2 的 N_2 吸附和解吸等温线；

(e) PF、AF 和 H-UiO-66-PF2 的强度-应变曲线

在 280℃以下的空气环境中，所有样品的质量都没有明显的损失，表明它们具有良好的热稳定性。此外，在第一阶段，在温度超过 100℃时，Zr-MOFs 纳米颗粒

修饰涤纶织物和 AF 的失重率高于 PF，这表明由于 PF 中亲水基团较少，因此吸附的水分含量要低得多。对于 PF，其 TGA 曲线显示在 370℃时显著失重。而 MOFs 纳米颗粒装饰涤纶织物和 AF 的急剧失重分别从 340℃和 375℃左右开始，分别持续到 460℃和 470℃，这种质量损失主要是由于 PET 材料的热分解。此外，由于在 UiO-66 和 H-UiO-66 中的有机配体的分解，以及它们骨架的坍塌，MOFs 纳米颗粒装饰涤纶织物样品的质量在 470～600℃范围内进一步损失。此外，H-UiO-66-PF2 的残余质量略高于 UiO-66-PF2，这表明 H_2BDC 配体在 UiO-66 中部分被 HPAA 取代。此外，在 800℃时，AF 和 Zr-MOFs 纳米颗粒装饰聚酯织物之间的最终失质量差异归因于 Zr-MOFs 在空气气氛下的完全热氧化，其残留物为 ZrO_2。

PF、AF、UiO-66、UiO-66-PF2 和 H-UiO-66-PF2 的 FT-IR 光谱如图 3-3（c）所示。对于 PF，在 1242、1344、1410 和 1710cm^{-1}处有几个特征峰，分别对应于 C—O—C、C—O、C—C 和 C═O 拉伸。与 PF 相比，AF 光谱中 1710cm^{-1}附近的峰变得更加密集，3445cm^{-1}和 1634cm^{-1}处的新波段归属于 O-H 拉伸振动，这意味着-COOH 和-OH 暴露在 PF 表面，这是由于 NaOH 对 PET 的激活。对于 UiO-66，1587 和 1398cm^{-1}处的两个明显条带与配位羧基的不对称和对称拉伸有关。此外，661、746 和 1504cm^{-1}处的峰分别归属于 Zr—O、C═C—H 和 C═C 键。在 UiO-66-PF2 的光谱中，不同程度地出现了 AF 和 UiO-66 最典型的峰。但 UiO-66-PF2 在 1634cm^{-1}处的峰值强度远低于 AF，这是由于—COOH 和 Zr^{4+} 离子在 UiO-66-PF2 表面的配位作用所致。另外，UiO-66 在 667、1385 和 1579cm^{-1}处的三个典型峰的强度明显减弱或消失。这证实了 UiO-66 晶体已经成功地移植到 UiO-66-PF2 上。此外，在 H-UiO-66-PF2 的光谱中，在 1182cm^{-1}和 927cm^{-1}处出现了两个特征峰，与 P═O、P—OH 和 P—O—C 的拉伸振动有关，这证实了 HPAA 对 UiO-66 的改性成功。

为了进一步研究 UiO-66、UiO-66-PF2 和 H-UiO-66-PF2 的多孔结构，采用了氮吸附和解吸等温线分析。如图 3-3（d）所示，三种样品的等温线均符合 I 型等温线，说明它们均为微孔材料。此外，可以观察到，在低压区等温线迅速增加（$P/P_0<0.05$），这表明气体分子容易吸附在 UiO-66 的开放金属位点上。而随着 P/P_0 相对压力的增大，氮气的吸附量在达到一定值后不再进一步增加，说明微孔对 N_2 的吸附已经达到饱和。此外，三种样品的 BET 比表面积、孔隙半径和孔隙体积见表 3-1。

表 3-1　材料的 N_2 吸附参数

样品	比表面积（m^2/g）	孔隙体积（cm^3/g）	孔隙半径（nm）
UiO-66	767.4	0.436	0.461
UiO-66-PF2	276.4	0.125	1.348
H-UiO-66-PF2	184.3	0.072	1.765

由表3-1可知，AF与MOFs复合后，UiO-66-PF2和H-UiO-66-PF2的BET比表面积、孔径和总孔容均低于UiO-66，这是由于复合材料中AF的质量分数较大，以及非织造布的无孔性。此外，由于HPAA取代了部分H_2BDC配体，部分破坏了UiO-66的晶体结构，与UiO-66-PF2相比，H-UiO-66-PF2的总孔容和BET比表面积要小。

图3-3（e）显示了材料的抗拉强度，可以看出，原聚酯纤维保持了良好的柔韧性，PF的抗拉强度为4.413cN/dtex。但AF变脆，抗拉强度下降至3.403cN/dtex，这是由于部分聚酯纤维在碱处理过程中，结构被破坏所致。有趣的是，在AF表面引入H-UiO-66纳米颗粒后，H-UiO-66-PF2纤维的拉伸强度显著提高，达到5.825cN/dtex。H-UiO-66-PF2的抗拉强度增强是由于MOF纳米颗粒在纤维表面的稳定黏附。值得注意的是，H-UiO-66-PF2优越的力学性能使其在循环试验中具有优异的性能。

膜的润湿性：润湿性是影响膜的防污渗透性能的重要因素之一，首先通过测定织物膜的空气中水接触角（WCA）、润湿时间和表面能来评价织物膜的润湿性。由图3-4（a）可知，AF膜的亲水性较差，初始WCA为123.5°，这与AF膜的低表面能（31.4mJ/m^2）吻合较好，经碱处理后AF膜在空气中的WCA为112.1°。同时，该样品的表面能也增加到40.7mJ/m^2，表明改性膜由疏水性转变为亲水性，这主要是由于在AF表面引入了亲水性基团。另外，当水滴接触H-UiO-66-PF1复合膜时，在膜表面迅速扩散，WCA在1.16s内由最初的6.2°下降至0°，表明该复合膜具有超亲水性，这是由于2-羟基磷酰乙酸修饰的UiO-66纳米颗粒将亲水性成分引入复合膜中。与H-UiO-66-PF1相比，随着Zr-MOFs颗粒负载的增加，H-UiO-66-PF2复合膜的完全润湿时间显著缩短。同时，膜的表面能显著提高（81.8mJ/m^2）。这些结果可归因于较高的Zr-MOFs负载和亲水性官能团改善了表面粗糙度和表面能，从而增强了其表面亲水性。然而，进一步增加Zr-MOFs纳米颗粒的负载并没有减少复合膜的完全润湿时间，例如，H-UiO-66-PF3表现出突然增加。这种现象可以解释如下：H-UiO-66-PF3中过量的Zr-MOFs纳米颗粒会聚集在织物膜表面，不仅堵塞了织物的孔隙，而且减少了织物表面的亲水性基团。此外，在所有样品中，H-UiO-66-PF2膜的完全润湿时间最低，为0.32s，比UiO-66-PF2低91.3%，进一步证明了H-UiO-66-PF2表面的亲水官能团—PO_3H_2、—COOH和—OH修饰增强了膜的亲水性。

为了进一步考察织物膜的水下拒油能力，以二氯甲烷为模型油，测定了织物膜的水下油接触角（UWOCA）。如图3-4（b）所示，油滴与PF接触后立即渗透到膜中，其UWOCA几乎为0°，说明PF膜容易被油污染。然而，用Zr-MOFs纳米颗粒修饰后，油滴不能渗透到复合膜中。此外，复合膜的UWOCA从AF膜的60.8°显著增加到H-UiO-66-PF1的148.2°，H-UiO-66-PF2的

164.5°，而 H-UiO-66-PF3 的 UWOCA 随着 Zr-MOFs 负载的进一步增加而略有下降，结果表明，加入适量的亲水性 Zr-MOFs 可以大大提高织物膜的拒油性能。对于未修饰 HPAA 的杂化膜（UiO-66-PF2），其 UWOCA 低于 H-UiO-66-PF2。值得注意的是，润湿性测试结果表明，H-UiO-66-PF2 不仅具有超亲水性，而且具有水下超拒油性能。这些结果主要归因于以下两个因素的协同作用。首先，H-UiO-66 丰富的亲水性官能团和高吸水性能够在 H-UiO-66-PF2 表面形成坚固的水化层。其次，适量 MOFs 纳米颗粒的引入使膜表面相对粗糙，亲水性得到改善，这抑制了膜表面与油的完全接触。进一步评价了 H-UiO-66-PF2 膜的水下油附着力，因为它是测量膜水下拒油性的另一个关键因素，并使用异辛烷（油）作为探针在一定的力下接触水下膜。

如图 3-4（c）所示，当油滴首先挤压到 H-UiO-66-PF2 膜表面时，压力释放，油滴容易离开膜表面，没有观察到明显的油滴变形和残留，说明超亲水性 H-UiO-66-PF2 膜具有水下超低黏着超疏油性。

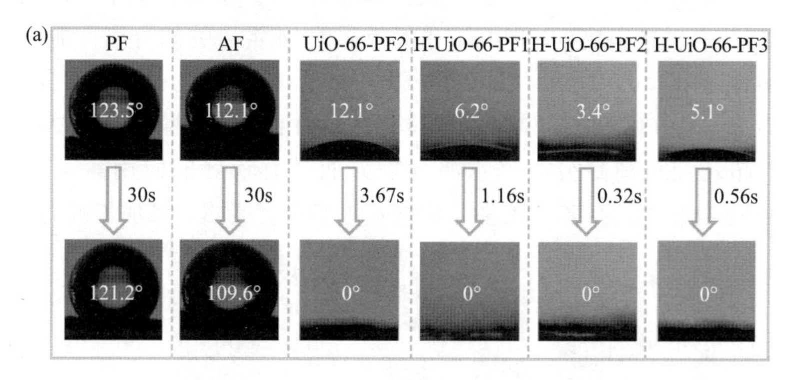

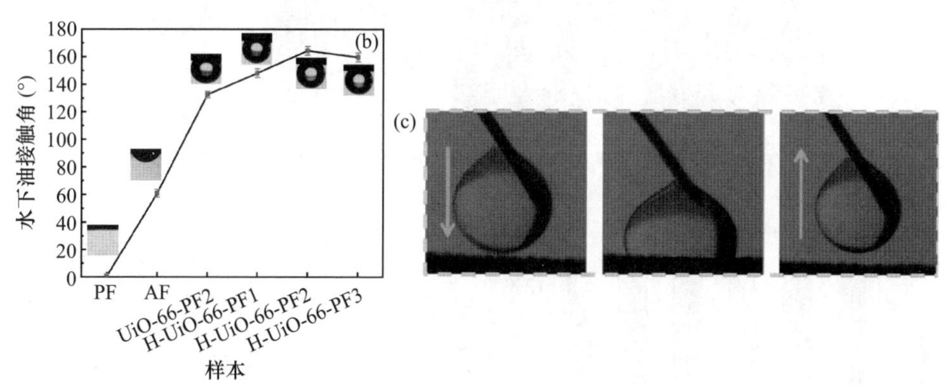

图 3-4　(a) PF、AF、UiO-66-PF2、H-UiO-66-PF1、H-UiO-66-PF2、H-UiO-66-PF3 的动态水接触角；(b) PF、AF、UiO-66-PF2、H-UiO-66-PF1、H-UiO-66-PF2、H-UiO-66-PF3 的水下油接触角；(c) H-UiO-66-PF2 水下黏油试验

3.3.2 UiO-66/聚酯织物复合膜对油水分离性能分析

膜的润湿性试验结果表明，Zr-MOFs 纳米颗粒对提高膜的润湿性有重要作用，因此它可能对油水分离的实现也有很大的影响，重力作用下膜对煤油/水的分离如图 3-5（a）所示。可以看出，整齐的聚酯织物没有分离油水混合物的能力，油和水都完全渗透到膜中。有趣的是，混合物可以润湿 H-UiO-66-PF2 膜并通过，而煤油被膜阻挡，在渗透物中看不到明显的油滴。此外，纳米 Zr-MOFs 功能化后，复合膜的分离效率提高，达到 99.8%以上，分离时间约为 47s。随着 Zr-MOFs 纳米颗粒负载的增加，分离效率稳定在 99.5%左右，分离时间先减小后略有增加。结果表明，Zr-MOFs 纳米颗粒不仅可以改善膜的润湿性，还可以提高油水分离效率。然而，过多的 Zr-MOFs 负载会使膜的润湿性恶化，使膜的孔径减小，导致分离性能下降。其中，H-UiO-66-PF2 对煤油/水混合物的分离效率最高，达到 99.8%。此外，还考察了 H-UiO-66-PF2 对二氯甲烷/水、石油醚/水、正己烷/水、异辛烷/水和甲苯/水等重质油/水混合物的分离性能。令人兴奋的是，如图 3-5（b）所示，UiO-66-PF2 对所有测试的油/水混合物获得了 >99.2%的油水分离效率。制备的膜具有优异的油水分离性能，主要是由于超亲水和水下超疏油材料在分离油水混合物方面具有较好的应用前景，特别是与 UiO-66 衍生物相关的羟基、羧基、磷酸基等亲水官能团，增加了膜的亲水性。

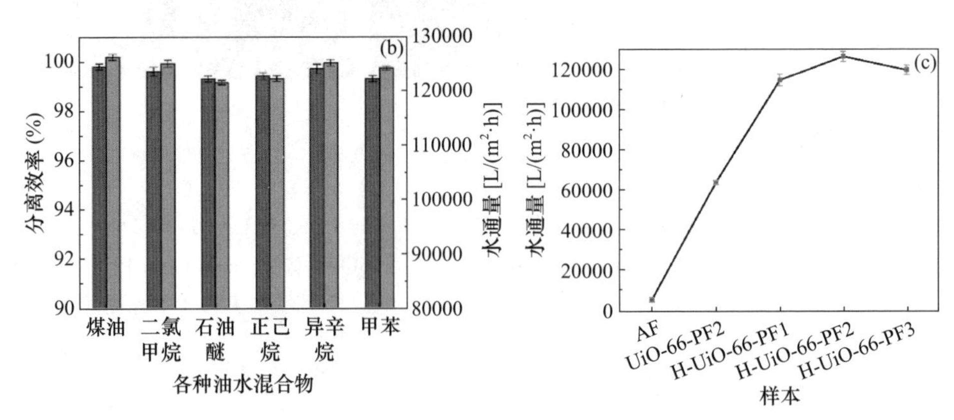

图 3-5 (a) H-UiO-66-PF2 油水分离试验；(b) H-UiO-66-PF2 对各种油水混合物的分离效率和水通量；(c) AF、UiO-66-PF2、H-UiO-66-PF1、H-UiO-66-PF2 和 H-UiO-66-PF3 的水通量；(d) 分离前后水包油乳剂的光学显微镜图像

膜通量是评价油水分离性能的另一个关键因素，可以更直观地评价油水分离性能。因此，还测量了 Zr-MOFs 纳米颗粒对合成膜的水通量的影响。如图 3-5 (c) 所示，通过 AF 膜的纯水通量为 5756L/ ($m^2 \cdot h$)，高通量可能是由于织物亲水性和大互连孔的协同作用所致。当 $ZrCl_4$ 的加入量从 1.3mmol 增加到 2.6mmol 时，H-UiO-66-PFx 杂化膜的水通量从 114600 增加到 126300L/ ($m^2 \cdot h$)。其中，H-UiO-66-PF1、UiO-66-PF2 和 H-UiO-66-PF3 膜的通量均大于原 AF 膜的 20 倍。水通量的增强可归因于 Zr-MOFs 纳米颗粒在杂化膜中产生了额外的空间。

同时，MOFs 的各种亲水性基团，如羟基、羧基和磷酸基，也有助于提高水通量通过杂化膜。然而黏随着 Zr-MOFs 负载量的进一步增加，通过 H-UiO-66-PF3 膜的水通量比 H-UiO-66-PF2 膜的水通量要低，这可能是由于过量的 MOFs 纳米晶体聚集在一起，阻塞了衬底的一些孔隙。此外，H-UiO-66-PF2 膜的通量比 UiO-66-PF2 高 50%，这主要与经 HPAA 修饰后的 H-UiO-66-PF2 要比 UiO-66-PF2 具有更强的超亲水性有关。而且，H-UiO-66-PF2 对二氯甲烷/水、石油醚/水、正己烷/水、异辛烷/水和甲苯/水的水通量分别为 125100、121600、122300、125200 和 124200L/ ($m^2 \cdot h$) [图 3-5 (b)]。通量的差异是由于不同油的密度、黏度和表面张力不同，见表 3-2。

表 3-2 五种不同油的具体黏度

油的类型	密度 (g/mL)	黏度 (mPa·s)	表面张力 (mN/m)
煤油	0.79	1.84	24.2
二氯甲烷	1.33	0.42	28.2
石油醚	0.65	0.30	17.5
正己烷	0.66	0.33	18.4
异辛烷	0.69	0.53	20.5
甲苯	0.87	0.59	28.8

与普通的油水混合物相比，这种乳液更难处理，因为它们的成分更复杂、更稳定。为了考察 H-UiO-66-PF2 膜分离油水乳状液的可行性和潜力，制备了磺化水包煤油乳状液作为模型洗剂，并在与油水混合物相同的装置下进行了分离试验。并对分离前的乳剂和分离后的滤液进行光学显微镜成像，结果如图 3-5（d）所示。可以看到，分离前磺化水包煤油乳液为白色溶液［图 3-5（d）左］，其液滴尺寸较窄，分布在 80～7000nm 范围内。将其倒入上部漏斗后，乳化液中的油滴被堵塞，清水通过 H-UiO-66-PF2 渗透。光学显微镜图像显示，滤液与原始乳液相比变得透明，滤液中没有油滴［图 3-5（d），右］。为了计算出 H-UiO-66-PF2 复合膜的比截留系数，对分离前后的乳化液进行 TOC 分析，计算出其油分离效率为 99.5%，表明该复合膜具有良好的分离效率。这些结果可归因于 H-UiO-66-PF2 对分散型油相具有较高的驱避性，对连续型水相具有良好的亲和性。此外，还考察了黏性水包油乳剂的分离性能对 H-UiO-66-PF2 膜分离性能的影响。如图 3-6 所示，H-UiO-66-PF2 对所有乳剂的分离效率均在 99.2%以上，说明 H-UiO-66-PF2 是一种高效的油水乳剂分离材料。

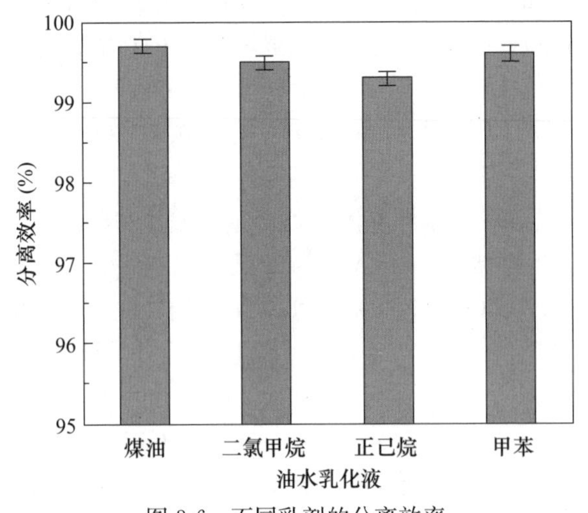

图 3-6　不同乳剂的分离效率

3.3.3　UiO-66/聚酯织物复合膜对水体中 Gd（Ⅲ）的吸附分析

pH 的影响：在稀土萃取分离过程中，由于萃取过程的不稳定性，会在萃取废水中夹带少量的稀土金属离子，如 Gd（Ⅲ）离子。H-UiO-66-PF2 不仅是一种优良的油水分离材料，还具有优异的亲水性，具有大量的表面官能团，是从水中捕获稀土金属离子的理想候选材料。因此，通过对水溶液中 Gd（Ⅲ）离子的吸附，研究了 Zr-MOF 改性超亲水性聚酯织物（H-UiO-66-PF2）的应用潜力。pH 是稀土金属离子吸附试验中的关键因素，它不仅影响着吸附剂的电荷，而且决定着金属离子的存在形式。在这项工作中，pH 对 H-UiO-66-PF2 捕获 Gd（Ⅲ）

的影响在 2～7 范围内进行了研究，这是由于 Gd（Ⅲ）在 pH＞7 时会发生水解。此外，为了了解其复杂的吸附机理并测量其在吸附剂表面的电动力学性质，首先测定了 H-UiO-66-PF2 在不同初始 pH＝2～7 下的 Zeta 电位，结果如图 3-7（a）所示。Zeta 电位随 pH 的升高而减小，零电荷点为 2.7。该结果表明，H-UiO-66-PF2 在高 pH 下具有负电位，在低 pH 值下具有正电位。图 3-7（b）显示了 pH 值对 H-UiO-66-PF2 吸附 Gd（Ⅲ）的影响。可以明显看出，随着 pH 值的增加，H-UiO-66-PF2 对 Gd（Ⅲ）的吸附量逐渐增大，在 pH＝6 时达到最大值。在低 pH（pH＜2.7）条件下，Gd（Ⅲ）吸收率低的原因主要有以下三点：一是吸附剂上的质子化官能团对 Gd（Ⅲ）产生静电排斥。二是溶液中过量的 H^+ 加剧了 Gd（Ⅲ）的吸附竞争。三是酸性溶液中大量的 H^+ 会通过酸作用降低吸附剂与 Gd（Ⅲ）的络合能力。简而言之，这些都会导致吸附剂的吸附能力差。当 pH＞2.7 时，H-UiO-66-PF2 表面的负电荷随着 pH 的增加而增加，并与 Gd（Ⅲ）阳离子发生静电吸引，导致吸附容量增大。此外，根据酸碱理论，硬路易斯碱（羟基、羧基和磷酸基）会与硬路易斯酸［Gd（Ⅲ）离子］发生强烈的相互作用。因此，在溶液 pH 升高的情况下，H-UiO-66-PF2 中这些官能团的去质子化有望增强它们对 Gd（Ⅲ）的结合能力。因此，后续试验的最佳 pH 值为 6。

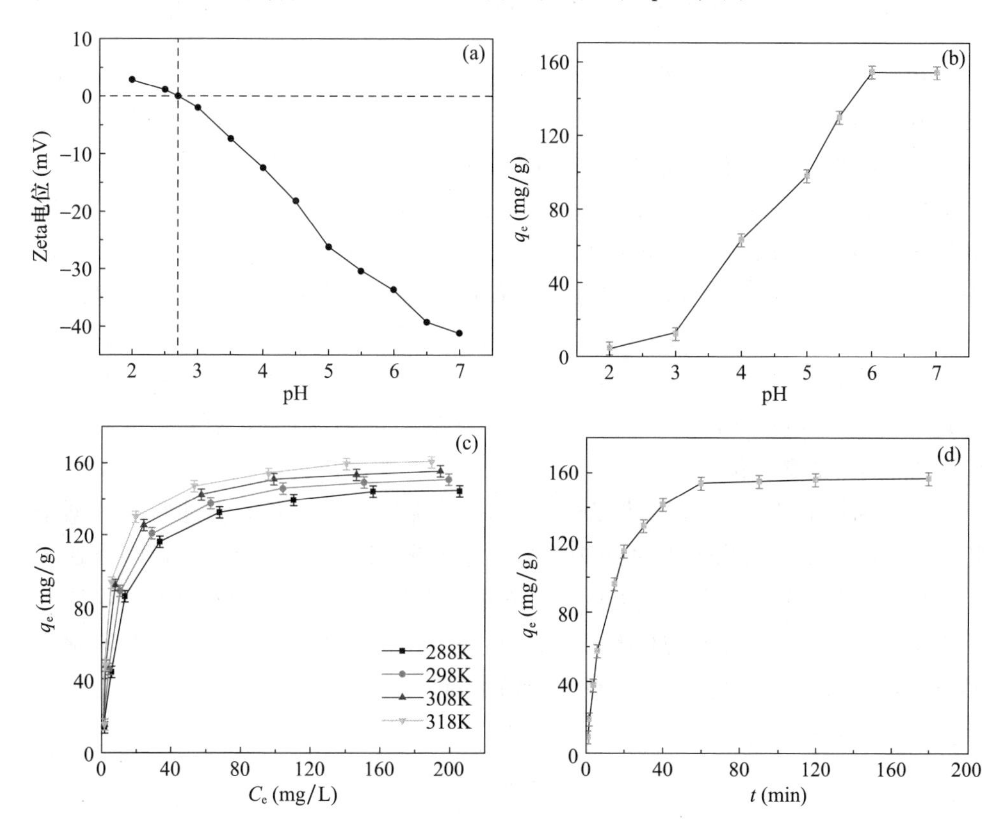

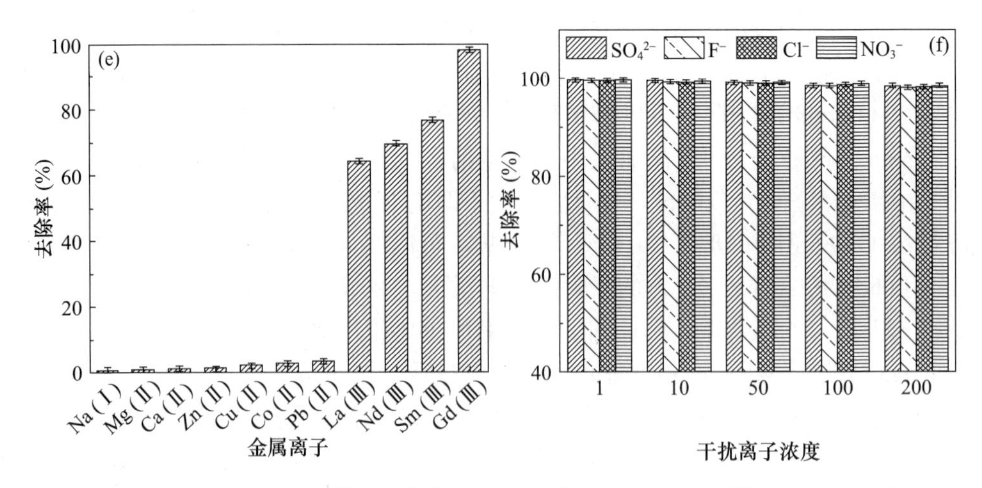

图 3-7 (a) H-UiO-66-PF2 的 Zeta 电位；(b) pH 对 H-UiO-66-PF2 吸收 Gd（Ⅲ）的影响；
(c) 不同温度下初始 Gd（Ⅲ）浓度对 H-UiO-66-PF2 吸附 Gd（Ⅲ）的影响；
(d) 接触时间对 H-UiO-66-PF2 吸附 Gd（Ⅲ）的影响；(e) H-UiO-66-PF2 膜对
Gd（Ⅲ）对 Na（Ⅰ）、Mg（Ⅱ）、Ca（Ⅱ）、Zn（Ⅱ）、Cu（Ⅱ）、Co（Ⅱ）、Pb（Ⅱ）、
La（Ⅲ）、Nd（Ⅲ）、Sm（Ⅲ）离子的去除率；
(f) H-UiO-66-PF2 膜对 Gd（Ⅲ）对 SO_4^{2-}、F^-、Cl^- 和 NO_3^- 离子的去除率

初始 Gd（Ⅲ）浓度与吸附等温线的影响：考察了不同浓度（15～350mg/L）H-UiO-66-PF2 对 Gd（Ⅲ）的吸附效果。由图 3-7（c）可以看出，在 10～60mg/L 范围内，随着初始 Gd（Ⅲ）浓度的增加，H-UiO-66-PF2 对 Gd（Ⅲ）的吸附量先急剧增加后略有下降。这是由于当 Gd（Ⅲ）离子浓度较低时，Gd（Ⅲ）离子不足以到达吸附剂上的锚定位点。此外，较高的 Gd（Ⅲ）浓度会加剧溶液中的传质速率，有利于 Gd（Ⅲ）的吸附。然而，随着 Gd（Ⅲ）浓度的进一步增加，吸附剂上的大部分锚固位点被 Gd（Ⅲ）离子占据，并在 250mg/L 时达到饱和，对 Gd（Ⅲ）的最大吸附量为 156.9mg/g。H-UiO-66-PF2 对 Gd（Ⅲ）离子的吸收能力是由于 H-UiO-66-PF2 上丰富的羟基、羧基和磷酸基团等活性基团将作为 Gd（Ⅲ）离子的螯合位点。

为了评估 H-UiO-66-PF2 作为 Gd（Ⅲ）吸附剂的实用性，上述吸附数据采用 Langmuir、Freundlich 和 Temkin 等温模型进行拟合，Langmuir 模型描述了一种单层覆盖，其中吸附剂上的所有吸附位点都是相同的。Freundlich 等温线的建立是基于多层吸附和非均相吸附的假设。而 Temkin 等温线模型则认为吸附能随着吸附位点的增加而降低。三种模型描述如下：

Langmuir：

$$q_e = \frac{K_L q_{max} C_e}{1 + K_L C_e} \tag{3-5}$$

Freundlich：

$$q_e = K_F C_e^n \tag{3-6}$$

Temkin：

$$q_e = \frac{R_t}{b}\ln K_t + \frac{R_t}{b}\ln C_e \tag{3-7}$$

式中，K_L（L/mg）为与吸附自由能和结合位点亲和力有关的 Langmuir 常数；C_e（mg/L）为 Gd（Ⅲ）的平衡浓度；q_{max} 和 q_e（mg/g）为 H-UiO-66-PF2 对 Gd（Ⅲ）的最大吸附量和平衡吸附量；K_F（$mg^{1-n}L^n$/g）和 n 为 Freundlich 常数，分别与吸附能力和吸附强度有关；R_t/b（B）（J/mol）和 K_t（L/g）属于 Temkin 等温常数；R［8.314J/（mol·K）］为气体常数；t（K）为开尔文温度。

Freundlich 模型描述了多相表面上的多层吸附。相反，在 Langmuir 模型中会发生单层吸附。对于 Temkin 等温线，说明吸附焓随吸附量的增加而降低。此外，拟合结果及相关参数如图 3-8 和表 3-3 所示。由表 3-3 可以看出，Langmuir 等温线的相关系数 R^2（0.9977）高于 Freundlich 等温线的相关系数 R^2（0.8985）

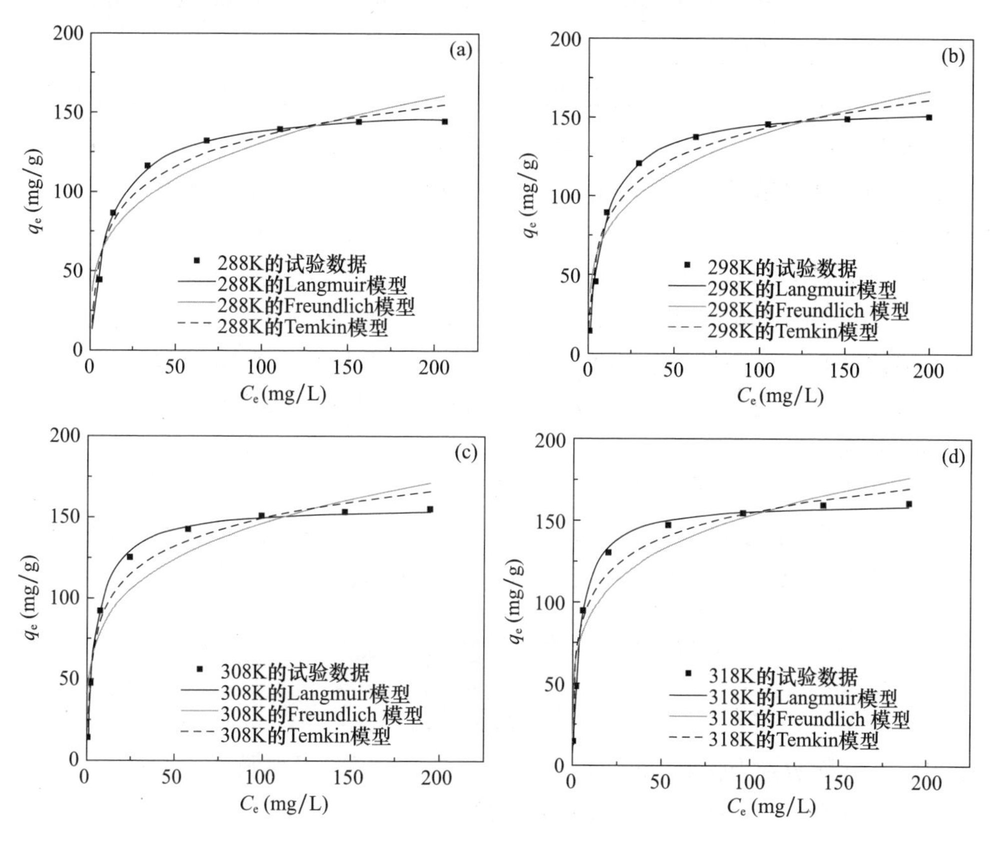

图 3-8　H-UiO-66-PF2 对 Gd（Ⅲ）的拟合曲线

和 Temkin 等温线的相关系数 R^2（0.9729），表明试验数据很好地拟合了 Langmuir 模型，表明 Gd（Ⅲ）在 H-UiO-66-PF2 表面的吸附是一个单层吸附过程。而且 Langmuir 模型计算的最大吸附量为 156.4686mg/g，与试验值 156.5mg/g 接近。可接受的吸附量表明，H-UiO-66-PF2 可以作为一种良好的吸附 Gd（Ⅲ）的吸附剂。

表 3-3　不同温度下 Gd（Ⅲ）离子 H-UiO-66-PF2 的等温线参数

等温线	参数	显著特点			
		288K	298K	308K	318K
Langmuir	q_m（mg/g）	152.6409	156.4686	159.1869	161.4116
	K_L（L/mg）	0.08519	0.1094	0.1888	0.2439
	R^2	0.9971	0.9977	0.9982	0.9957
Freundlich	K_F（$mg^{1-n}L^n/g$）	36.5393	41.4545	49.7409	56.2895
	n	0.2778	0.2629	0.2346	0.2174
	R^2	0.8981	0.8985	0.9019	0.9082
Temkin	B（J/mol）	88.5941	93.1117	103.6273	113.2352
	K_t（L/g）	0.6744	0.4731	0.2357	0.1137
	R^2	0.9722	0.9729	0.9798	0.9750

接触时间与吸附动力学的影响研究：快速吸附剂也是在稀土金属离子捕获中实际应用的理想吸附剂的关键先决条件，因此，研究了接触时间对 H-UiO-66-PF2 吸附 Gd（Ⅲ）的影响，如图 3-8（d）所示，可以明显看出，Gd（Ⅲ）在前 30min 内被 H-UiO-66-PF2 快速吸附，随后 Gd（Ⅲ）的吸收率下降。吸附时间在 60min 左右达到平衡。前期，由于溶液中的 Gd（Ⅲ）与 H-UiO-66-PF2 表面的吸附位点之间存在较高的浓度梯度，提供了足够的吸附位点来捕获 Gd（Ⅲ）。然而，Gd（Ⅲ）会逐渐填充 H-UiO-66-PF2 表面，直至达到吸附平衡，后期吸附位点基本被占据。

采用准一阶（PFO）和准二阶（PSO）动力学模型拟合试验数据，阐明了 H-UiO-66-PF2 膜吸附 Gd（Ⅲ）的机理。为了分析吸附过程，采用准一阶和准二阶动力学模型拟合试验动力学数据。两个模型的线性形式表示为：

$$\lg(q_e - q_t) = \lg q_e - \frac{k_1}{2.303}t \tag{3-8}$$

$$\frac{t}{q_t} = \frac{1}{k_2 q_e^2} + \frac{t}{q_e} \tag{3-9}$$

式中，k_1 和 k_2 分别为吸附的准一阶常数（min^{-1}）和准二阶常数［g/（mg·min)］；q_t 和 q_e 分别表示 t（min）和平衡时间的吸附量（mg/g）。

PSO 模型是基于化学吸附机理的假设，而 PFO 模型是物理吸附，图 3-9 给出了两种模型的线性拟合曲线，同时，计算得到的动力学参数见表 3-4。PSO 模

型的 R^2值（0.9962）高于 PFO 模型的 R^2 值（0.9619）。另外，PSO 模型的计算 q_e值（167.5041mg/g）与试验值（156.5mg/g）非常接近，进一步证明 PSO 模型比 PFO 模型更适合描述 H-UiO-66-PF2 对 Gd（Ⅲ）的吸附行为。因此，Gd（Ⅲ）在 H-UiO-66-PF2 上的吸附是一个化学吸附控制的过程。

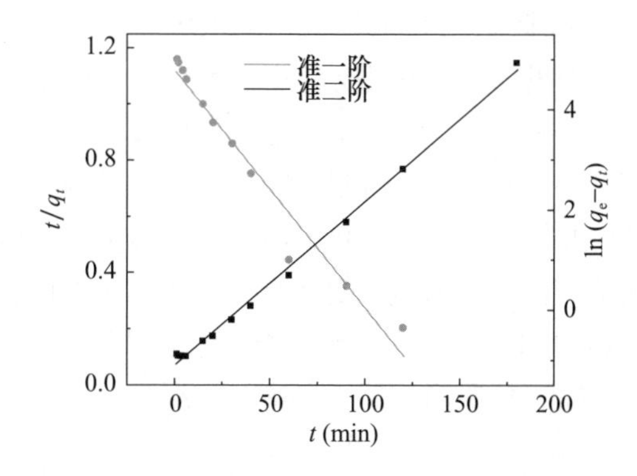

图 3-9 H-UiO-66-PF2 吸附 Gd（Ⅲ）的准一阶和准二阶动力学模型

表 3-4 准一阶和准二阶模型拟合参数

准一阶模型			准二阶模型		
q_e（mg/g）	k_1（min^{-1}）	R^2	q_e（mg/g）	k_2［g/（mg·min）］	R^2
120.7014	0.04765	0.9619	167.5041	0.0006057	0.9964

干扰离子效应：鉴于 Gd（Ⅲ）离子在实际采矿废弃物中与其他稀土离子、过渡金属离子及部分阴离子普遍共存，希望 H-UiO-66-PF2 对 Gd（Ⅲ）离子具有选择性吸附能力。在 pH＝6、浓度为 50×10^{-6}时，研究了 Na（Ⅰ）、Mg（Ⅱ）、Ca（Ⅱ）、Zn（Ⅱ）、Cu（Ⅱ）、Co（Ⅱ）、Pb（Ⅱ）、La（Ⅲ）、Nd（Ⅲ）、Sm（Ⅲ）、SO_4^{2-}、F^-、Cl^-和 NO_3^-对 H-UiO-66-PF2 吸附 Gd（Ⅲ）的影响。如图 3-7（e）所示，对稀土离子的去除率依次为：Na（Ⅰ）＜Mg（Ⅱ）＜Ca（Ⅱ）＜Zn（Ⅱ）＜Cu（Ⅱ）＜Co（Ⅱ）＜Pb（Ⅱ）＜La（Ⅲ）＜Nd（Ⅲ）＜Sm（Ⅲ）＜Gd（Ⅲ），说明稀土离子比其他类型的金属离子更容易被 H-UiO-66-PF2 吸附。根据软硬酸碱理论，H-UiO-66-PF2 中的磷酸基和羧基属于硬碱基团，对稀土离子（典型的硬酸）具有较高的选择性。此外，H-UiO-66-PF2 对 Gd（Ⅲ）的去除率（98.1％）高于其他稀土离子，这可能是由于同一材料内的混合配体和杂化结构产生了协同效应。此外，从图 3-7（f）中可以看出，SO_4^{2-}、F^-、Cl^-和 NO_3^-的存在对 Gd（Ⅲ）的吸收几乎没有影响，Gd（Ⅲ）的去除率均在 98％以上。因此，这些结果表明，H-UiO-66-PF2 具有很大的 Gd（Ⅲ）回收和分离共存离子的潜力。

模拟污水处理：在实际环境中，实际废水是复杂的，含有不止一类的污染物。因此，有必要开发一种去除复杂污染物的有效材料。油水分离和批量吸附试验结果表明，H-UiO-66-PF2 膜不仅具有优异的油水乳化液分离性能，而且对 Gd（Ⅲ）离子的吸附能力也较好，可作为处理复杂含油废水的理想膜。为了进一步评价 H-UiO-66-PF2 膜对实际工业废水的分离能力，采用含 Gd（Ⅲ）离子（10×10^{-6}）、磺化煤油和 P507（10×10^{-6}）的水包油乳剂模拟含油废水，结果如图 3-10 所示。试验结果表明，该膜不仅能有效去除 P507，还能同时分离出高分离效率为 99.2%和水通量 17540L/（m^2·h）的水包油乳状液。更重要的是，在重力驱动的多重过滤过程中，H-UiO-66-PF2 通过 H-UiO-66 纳米颗粒的吸附，可以达到 99.1%以上的 Gd（Ⅲ）去除率。与处理单一 Gd（Ⅲ）离子废水相比，H-UiO-66-PF2 膜处理含 Gd 含油废水的能力略有提高。这主要是基于两个原因：首先，膜对油水乳液的处理通量较低，使得 Gd（Ⅲ）离子有更多时间与 H-UiO-66-PF2 膜配位。其次，P507 的共存有利于 Gd（Ⅲ）的吸附。其他文献也发表了类似的结果。

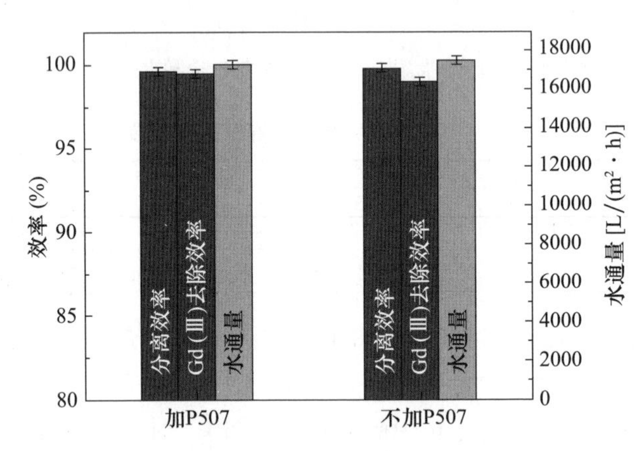

图 3-10　H-UiO-66-PF2 膜在模拟含油废水中的分离效率、去除率和水通量

膜的稳定性、可回收性和自洁性：稳定性和可回收性是评价 H-UiO-66-PF2 膜在实际应用中潜力的关键指标，因为极端环境条件会破坏材料的微观结构和表面润湿性，油水分离往往与膜污染有关。本工作对 H-UiO-66-PF2 的机械耐久性、耐水洗性和化学稳定性进行了评价。尤其是，在砂纸（800 目）上对 H-UiO-66-PF2 进行了机械稳定性测试，将 50g 质量加载到 H-UiO-66-PF2 上，来回拖动数次（每循环 20cm），记录 WCA 和 UWOCA 值。如图 3-11（a）所示，经过 150 次磨损试验后，WCA 和 UWOCA 值均保持在 0°和 162°左右，其高耐磨性可归因于引入了 H-UiO-66 涂层。另外，H-UiO-66-PF2 在洗涤剂溶液中超声洗涤 1h 后，WCA 和 UWOCA 值几乎没有变化，表明其也具有优异的耐洗涤性能［图 3-11（b）］。此外，H-UiO-66-PF2 在 pH 值为 1～12 的酸性和碱性溶液中浸泡 72h［图 3-11（c）］，WCA 和 UWOCA 无明显变化，分别维持在 0°和 162°左右，说明 H-UiO-66-PF2 具有良好的化学稳定性。

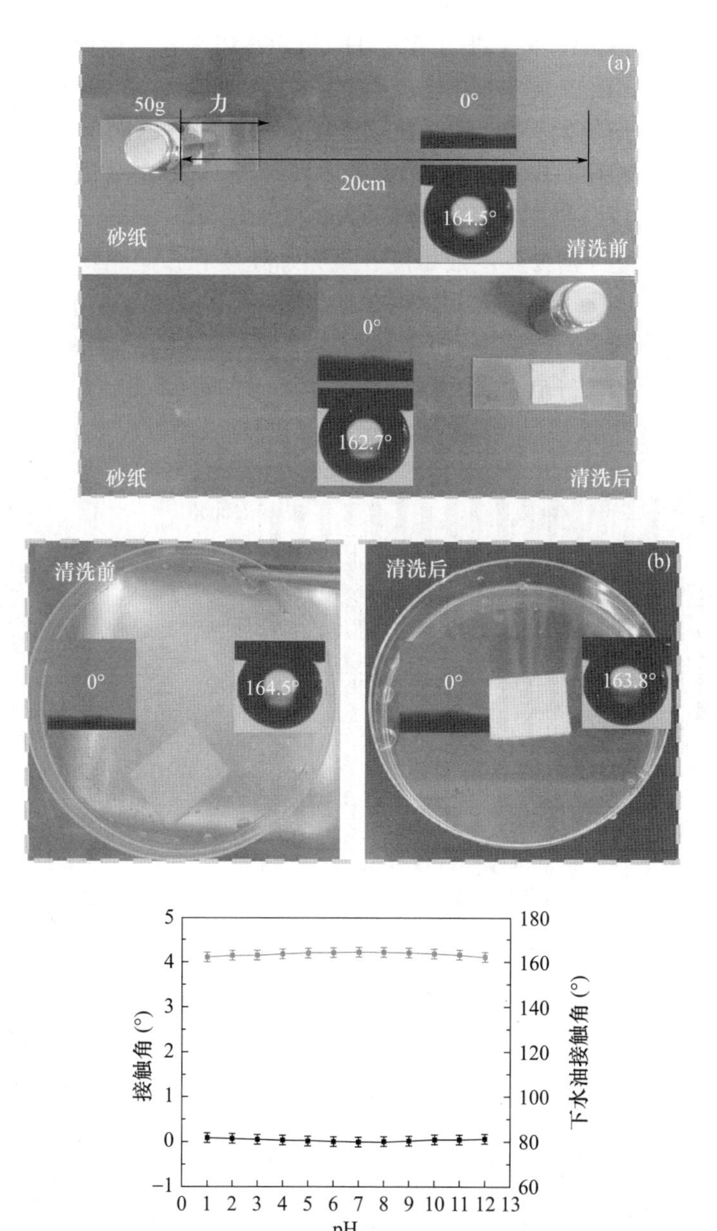

图 3-11 (a) H-UiO-66-PF2 膜的砂纸磨损过程照片；
(b) H-UiO-66-PF2 膜超声清洗过程照片；(c) pH 对 H-UiO-66-PF2 接触角的影响

在可回收性试验方面，以煤油/水混合物为例，考察了 H-UiO-66-PF2 分离油水混合物膜的可回收性。图 3-12 (a) 显示了煤油/水混合物重复分离的效率和水通量。显然，经过 20 次循环后，重复分离对膜的分离性能没有明显影响，分离效率保持在 99.0%以上，特别是在测试期间，H-UiO-66-PF2 膜的水通量仍高达 105200L/（m² • h），进一步证实了 H-UiO-66-PF2 是一种具有显著稳定性的可回收膜。同时，由于油侵压力 ΔP 是液体分离的重要参数，因此对其进行了测量。入侵压力对于液体分离也很重要，因为当驱避液的压力达到入侵压力时，它会渗透到预湿织物中，织物的分离效率会降低。入侵量的计算式如下：

$$\Delta P=\rho g h_{\max} \tag{3-10}$$

式中，ρ、g 和 $h_{\max}$ 分别为驱避液密度、重力加速度和预湿织物所能承受的最大高度。

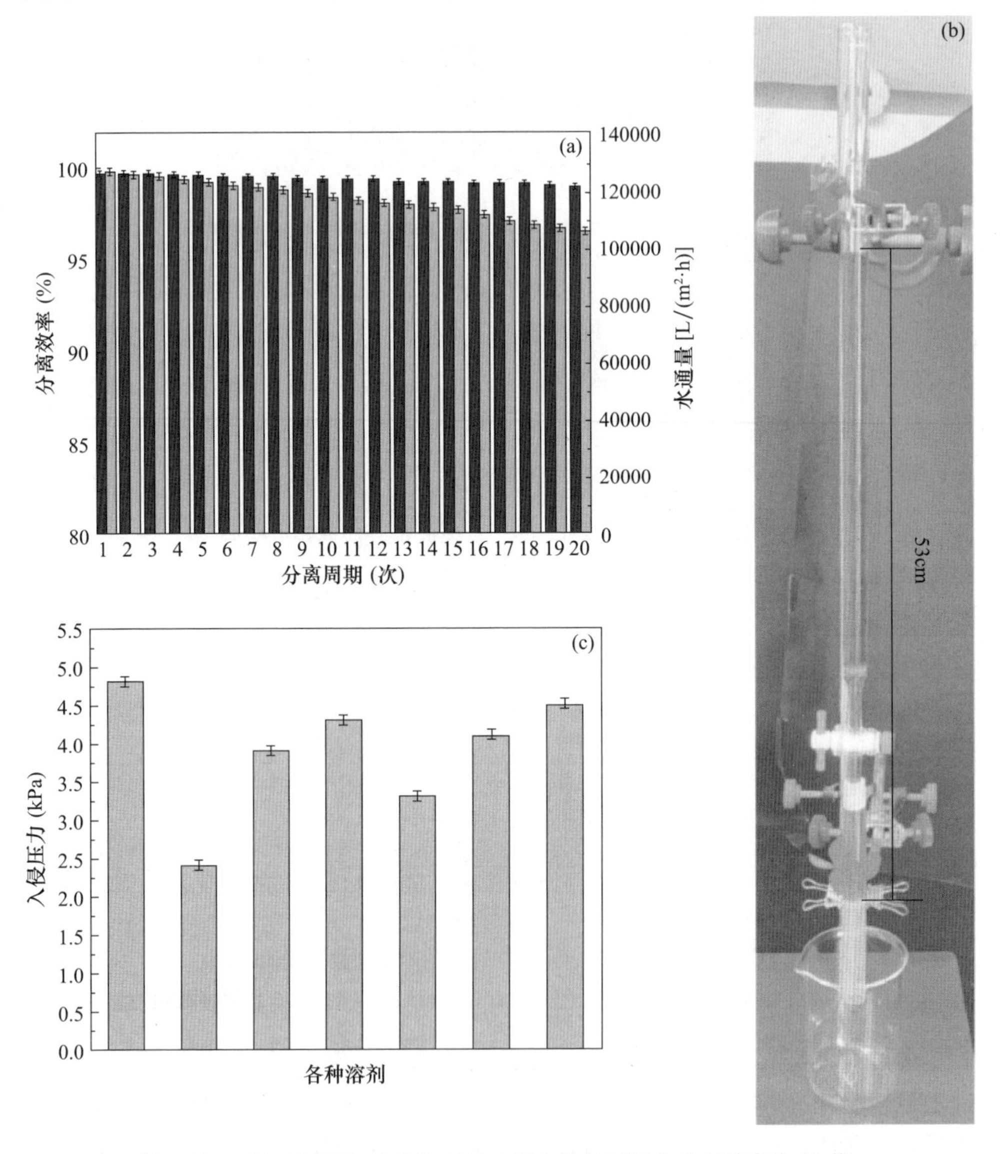

图 3-12　(a) H-UiO-66-PF2 对油水混合物的可回收分离效率为 20 倍；(b) 入侵压力测量照片；(c) 各种油和水的入侵压力试验值

对于预湿织物，如果入侵压力小于驱避液压力，则可渗透，分离效率降低。如图 3-12（b）所示，水预湿 H-UiO-66-PF2 膜，驱蚊液为煤油，h_{max}为 53cm，ρ 为 0.79g/cm^3，g 为 9.8m/s^2，计算出入侵压力为 4.1kPa。此外，还计算了包括石油醚、异辛烷、正己烷、甲苯和二氯甲烷在内的预湿 H-UiO-66-PF2 膜的侵入压力。从图 3-12（c）可以看出，预湿 H-UiO-66-PF2 的油 ΔP 值低于水，这是因为预湿 H-UiO-66-PF2 的油比水挥发性更强，但仍高于 2.9kPa，说明混合膜具有较高的侵入压力，分离油水混合物的能力较强。图 3-13 为原始 H-UiO-66-PF2 和经过 20 个分离循环后的 SEM 图像和 XRD 图谱。结果表明，该膜具有与原始 H-UiO-66-PF2 膜相似的微观结构，Zr-MOFs 纳米颗粒在纤维表面稳定黏附。

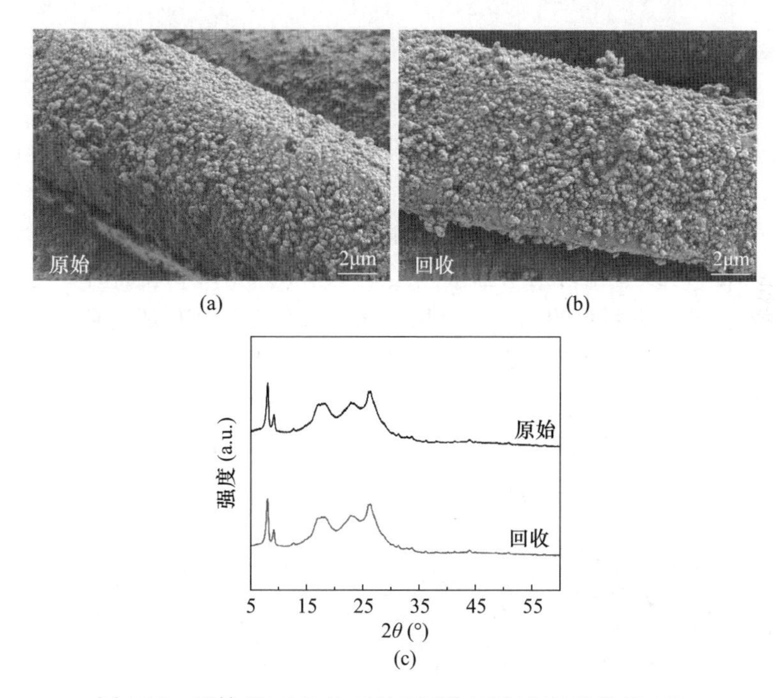

图 3-13 原始 H-UiO-66-PF2 和回收试验用 H-UiO-66-PF2 的 SEM 图像和 XRD 图谱

H-UiO-66-PF2 膜具有优异的分离效率、良好的渗透通量和较高的微观结构稳定性，显示了其作为处理含油废水的高效材料的巨大潜力。如图 3-14 所示，经过 5 次循环后，H-UiO-66-PF2 膜对 Gd（Ⅲ）离子的吸附能力仍保持良好，在第 5 次循环时仍高达 133.7mg/g。另外，经过 5 次循环的吸附-解吸，H-UiO-66-PF2 膜的解吸效率保持在 92.4%左右。吸附-解吸后的 H-UiO-66-PF2 膜可以正常分离油水乳液。H-UiO-66-PF2 膜对乳化（磺化煤油水包油）的分离效率大于 99.1%。结果表明，H-UiO-66-PF2 是一种可重复使用的同时捕获稀土离子和分离油/水乳液的材料。

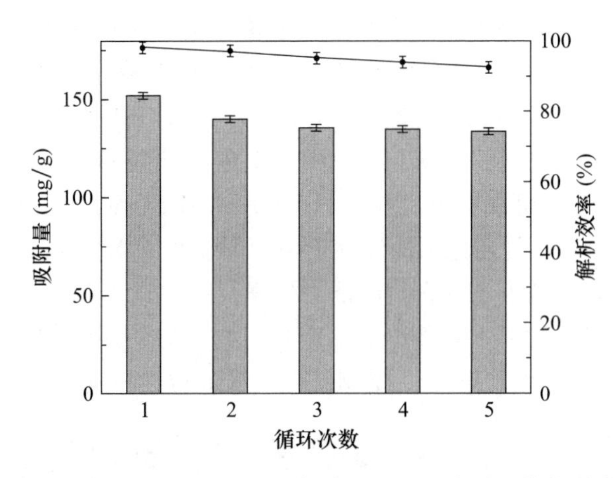

图 3-14　H-UiO-66-PF2 回收对 Gd（Ⅲ）离子吸收的影响

如上所述，制备的 H-UiO-66-PF2 膜具有超亲水性和水下超拒油特性，可有效分离油水混合物。鉴于防污能力也是评价膜在水处理中性能的一个指标，对 H-UiO-66-PF2 膜在重油和轻油样品上的防污能力和水下自清洁性能进行了测试。由图 3-15（a）可以看出，当重油液滴接触 H-UiO-66-PF2 表面时，它们以球形向烧杯底部滑动。有意思的是，从烧杯底部去除膜后，没有观察到油的黏附，这表明 H-UiO-66-PF2 具有水下超疏油和自清洁性能。此外，当轻质油接触 H-UiO-66-PF2 表面时，会遇到油的排斥，油会浮在水面上而不黏附在膜上如图 3-15（b)所示。试验结果表明，H-UiO-66-PF2 具有良好的自我清洁和防污性能，也是一种非常具有应用前途的油水混合物分离材料。

图 3-15　H-UiO-66-PF2 膜在（a）重油和（b）轻油中的防污性能照片

3.3.4 UiO-66/聚酯织物复合膜对水中Gd（Ⅲ）吸附机理及油水分离机理分析

为了验证Gd（Ⅲ）离子的吸附机理，研究了H-UiO-66-PF2膜吸附Gd（Ⅲ）离子前后的XPS和FTIR光谱。图3-16（a）为吸附前后XPS全谱图。显然，只有C、O、P和Zr出现在原膜中。而C、O、P、Zr和Gd在吸附后的膜中共存。结果表明，Gd（Ⅲ）离子被吸附在膜上。更具体地说，结合能分别为1186.1eV和140.1eV的两个峰，分别属于Gd 3d和Gd 4d。另外，从图3-16（b）和（c）可以看出，H-UiO-66-PF2膜的P-2p谱在132.48eV和133.27eV处有两个峰，分别属于P—C和P—O/P=O基团。Gd（Ⅲ）结合后，P—O/P=O波段的结合能和强度明显降低，表明H-UiO-66-PF2表面的磷酸基团参与了Gd（Ⅲ）离子的捕获。

另外，从图3-16（d）和（e）可以看出，H-UiO-66-PF2膜在吸收Gd（Ⅲ）前的O 1s峰分布在532.87、533.46、532.28、531.85、531.32和530.67eV处，分别对应于—OH、P—OH、C—O、P=O、C=O和Zr—O—Zr基团。吸附后，P=O、C=O和—OH的峰明显减弱，结合能转移到较低的值。结合能的变化是由Gd（Ⅲ）与供体原子结合引起的，这证实了磷和氧官能团在吸附过程中的参与。

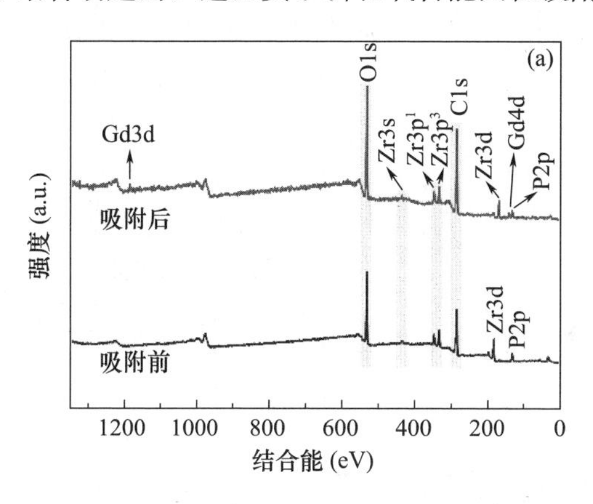

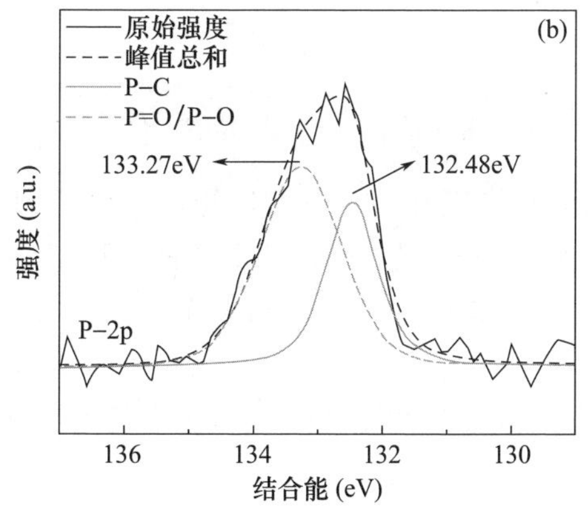

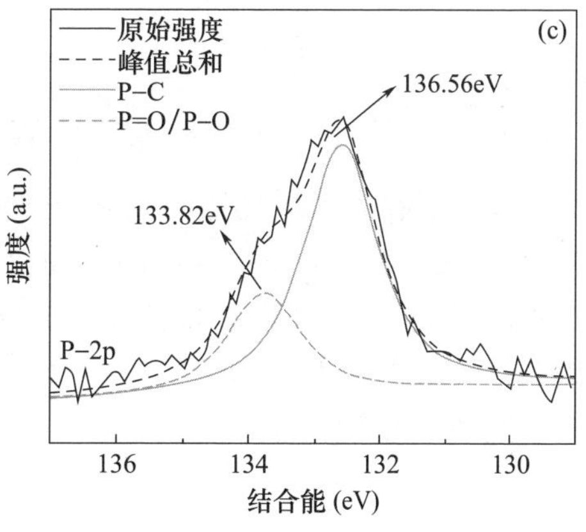

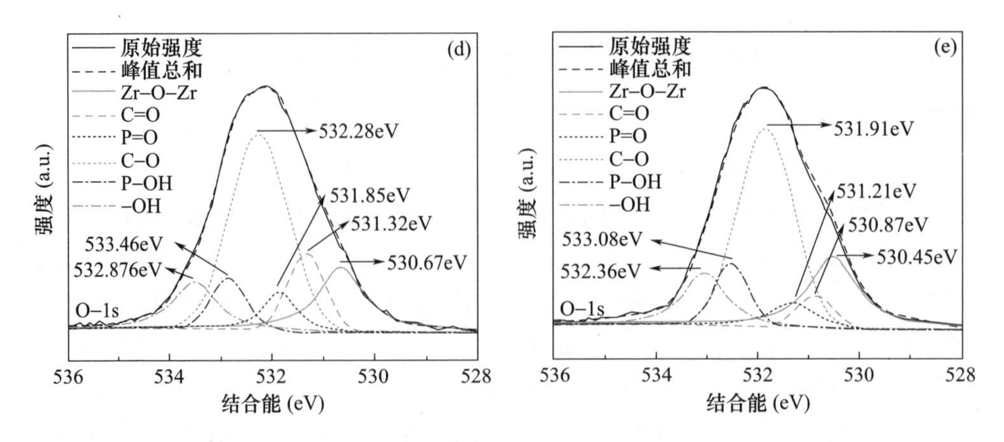

图 3-16 (a) H-UiO-66-PF2 膜捕获 Gd（Ⅲ）离子前后的 XPS 宽扫描图；(b)(c) P2p 的高分辨率 XPS 光谱；(d)(e) H-UiO-66-PF2 吸附 Gd（Ⅲ）前后的 O 1s 峰分布

图 3-17 为 H-UiO-66-PF2 膜吸附 Gd（Ⅲ）离子前后的 FT-IR 光谱。在吸收 Gd（Ⅲ）后，—OH 波段（$3422cm^{-1}$）的强度显著降低，并在 $642cm^{-1}$ 处出现了 Gd—O 峰。当 Gd（Ⅲ）捕获后，P—O 的峰值从 $927cm^{-1}$ 位移到 $918cm^{-1}$。然而结合 Gd（Ⅲ）后，$1182cm^{-1}$ 处的 P＝O 峰变弱，并伴有一定程度的蓝移。以上这些结果表明，O—和 P—反应基团在 Gd（Ⅲ）的结合中起重要作用。

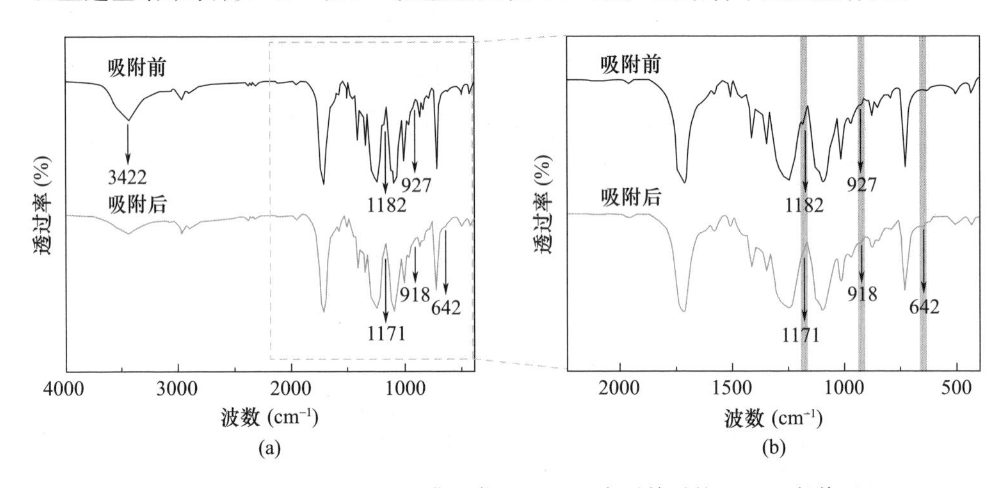

图 3-17 H-UiO-66-PF2 膜吸附 Gd（Ⅲ）离子前后的 FT-IR 光谱

为了更好地了解 H-UiO-66-PF2 膜的防污机理和油水分离性能，分析了 H-UiO-66-PF2 膜在分离过程中的水/油润湿状态和微观结构。综上所述，H-UiO-66-PF2 膜可以在短时间内被润湿，并且由于织物的超亲水性和大连通孔，水可以非常快速地通过。

此外，由于微/纳米层次结构，膜具有超低黏油性能和强大的水下超疏油性能，使膜具有良好的防油污性能。另外，复合膜的高孔隙率有利于水通道的形成，从而获得较高的水通量。与传统的油水分离超湿膜相比，H-UiO-66-PF2 膜的特殊 MOFs 表皮层通过丰富的微/纳米层次结构，赋予其表面超亲水和水下超疏油性能。同时，织物支撑层的大且高度互联的孔隙，为膜提供了较低的传质阻力。因此，织物支撑和 MOFs 表皮层的协同作用赋予了 H-UiO-66-PF2 膜优异的防污特性及全面而突出的油水分离性能。

制备的超水膜与其他膜的比较：表 3-5 比较了本研究中 H-UiO-66-PF2 膜与文献中报道的其他膜在油水分离和/或重离子去除方面的性能。研究发现，与其他膜相比，H-UiO-66-PF2 膜具有更强的分离性能和通量，而大多数报道的材料不能去除水中的 Gd（Ⅲ）离子。综上所述，H-UiO-66-PF2 膜具有优异的油水分离性能、低廉的原料和简单的合成工艺，具有一定的竞争力，对设计纯化水用多功能材料具有一定的参考价值。

表 3-5 不同膜对油水分离性能的比较

膜材料	水通量［L/（m^2·h)］	分离效率（%）	去除的离子
PDA-PEI 涂层	71600	99.2	—
巯基/二氧化硅杂化装饰织物膜	71600	99.5	—
SiO_2@PVA 膜	1500	95	—
CS/PDA/CF 棉织物膜	15000	99	—
MCT-FeOOH10 膜	500.38～1022.7	99.3～99.7	—
CNTs/PAH 杂化膜	3500L/（m^2·h·bar）	—	Au、Ag、Pd、Pt
CF-g-PSAN 棉织物	—	97.8	Au、Ag、Pd、Pt
C18-RS-g-PS	—	98	Au、Ag、Pd、Pt
H-UiO-66-PF2 膜	126300	99.2～99.8	Gd

3.4 本章小结

综上所述，通过在涤纶织物表面原位生长 HPAA 修饰的 UiO-66 晶体，成功制备了一种新型的超亲水性和水下超疏油 MOF-基复合膜（H-UiO-66-PF2），并应用于油水分离和 Gd（Ⅲ）捕获。H-UiO-66-PF2 由于具有粗糙的微/纳米级表面结构和丰富的亲水性基团，在重力油水分离中表现出高通量［126300L/（m^2·h)］和优异的分离效率（99.8%）。同时，H-UiO-66-PF2 膜对水包油乳状液进行了高效分离，分离效率最高达 99.7%。另外，该膜还具有优良的可回收性和抗污染性能。尤其是 H-UiO-66-PF2 膜可以同时捕获 Gd（Ⅲ）离子，并从模拟废水中分离出油包水乳化液，由于丰富的磷酸羧基与 Gd（Ⅲ）离子之间的螯合作用，

H-UiO-66-PF2 对 Gd（Ⅲ）离子的最大吸附量高达 156.5mg/g，而且吸附数据与 Langmuir 等温线和准二阶动力学模型拟合较好。因此，这项工作不仅表明 H-UiO-66-PF2 很有可能成为复杂冶炼废水净化的一种有前景的材料，而且有助于理解 MOF-基复合膜的油水分离和稀土金属离子吸附。因此，本工作为制备复合膜提供了一种新的设计策略，在复杂冶炼废水的净化中具有广阔的前景。

参考文献

[1] M K JHA，A KUMARI，R PANDA，et al. Review on hydrometallurgical recovery of rare earth metals [J]. Hydrometallurgy，2016，165:2-26.

[2] K BINNEMANS，P T JONES，B BLANPAIN，et al. Recycling of rare earths: a critical review [J]. J Clean Pro，2013，51:1-22.

[3] S MASSARI，M RUBERTI. Rare earth elements as critical raw materials: focus on international markets and future strategies [J]. Resour Policy，2013，38:36-43.

[4] M ASADOLLAHZADEH，R TORKAMAN，M TORAB-MOSTAEDI. Extraction and separation of rare earth elements by adsorption approaches: current status and future trends [J]. Sep Purif Rev，2021，50:417-444.

[5] H P NEVES，G M D FERREIRA，et al. Liquid-liquid extraction of rare earth elements using systems that are more environmentally friendly: advances，challenges and perspectives [J]. Sep Purif Technol，2022，282:120064.

[6] A T NAKHJIRI，H SANAEEPUR，A E AMOOGHIN，et al. Recovery of precious metals from industrial wastewater towards resource recovery and environmental sustainability: a critical review [J]. Desalination，2022，527:115510.

[7] Z CHEN，W T WANG，F N SANG，et al. Fast extraction and enrichment of rare earth elements from waste water via microfluidic-based hollow droplet [J]. Sep Purif Technol，2017，174:352-361.

[8] F JIANG，S YIN，C SRINIVASAKANNAN，et al. Separation of lanthanum and cerium from chloride medium in presence of complexing agent along with EHEHPA (P507) in a serpentine microreactor [J]. Chem Eng J，2018，334:2208-2214.

[9] H K KIM，G H LEE，Y CHANG. Gadolinium as an MRI contrast agent，future [J]. Med Chem，2018，10:639-661.

[10] L YIN，J YANG，X KAN，et al. Giant magnetocaloric effect and temperature induced magnetization jump in $GdCrO_3$ single crystal [J]. J Appl Phys，2015，117:133901.

[11] P A LESSING，A W ERICKSON. Synthesis and characterization of gadolinium phosphate neutron absorber [J]. J Eur Ceram Soc，2003，23:3049-3057.

[12] Y ZHAO，J GUO，Y LI，et al. Superhydrophobic and superoleophilic PH-CNT membrane for emulsified oil-water separation [J]. Desalination，2022，526:115536.

[13] M OBAID，H O MOHAMED，A S YASIN，et al. Under-oil superhydrophilic wetted

PVDF electrospun modified membrane for continuous gravitational oil/water separation with outstanding flux [J]. Water Res，2017，123:524-535.

[14] Q JIANG，Y WANG，Y XIE，et al. Silicon carbide microfiltration membranes for oil-water separation: pore structure-dependent wettability matters [J]. Water Res，2022，216:118270.

[15] Z XUE，Y CAO，N LIU，et al. Special wettable materials for oil/water separation [J]. J Mater Chem，2014，A2:2445-2460.

[16] H PENG，J WU，Y WANG，et al. A facile approach for preparation of underwater superoleophobicity cellulose/chitosan composite aerogel for oil/water separate-on [J]. Appl Phys A Mater Sci Process，2016，122:1-7.

[17] A PRASANNAN，J UDOMSIN，H C TSAI，et al. Robust underwater superoleophobic membranes with bio-inspired carrageenan/laponite multilayers for the effective removal of emulsions，metal ions，and organic dyes from wastewater [J]. Chem Eng J，2020，391:123585.

[18] G ZHANG，Y LI，A GAO，et al. Bio-inspired underwater superoleophobic PVDF membranes for highly-efficient simultaneous removal of insoluble emulsified oils and soluble anionic dyes [J]. Chem Eng J，2019，369:576-587.

[19] D L ZHOU，D YANG，D HAN，et al. Fabrication of superhydrophilic and underwater superoleophobic membranes for fast and effective oil/water separation with excellent durability [J]. J Membr Sci，2021，620:118898.

[20] C CHEN，L CHEN，S CHEN，et al. Preparation of underwater superoleophobic membranes via TiO_2 electrostatic self-assembly for separation of stratified oil/water mixtures and emulsions [J]. J Membr Sci，2020，602:117976.

[21] X YUE，Z LI，T ZHANG，et al. Design and fabrication of superwetting fiber-based membranes for oil/water separation applications [J]. Chem Eng J，2019，364:292-309.

[22] J ZHANG，F ZHANG，J SONG，et al. Electrospun flexible nanofibrous membranes for oil/water separation [J]. J Mater Chem，2019，A7:20075-20102.

[23] H LI，T LIANG，X LAI，et al. Vapor-liquid interfacial reaction to fabricate superhydrophilic and underwater superoleophobic thiol-ene/silica hybrid decorated fabric for oil/water separation [J]. Appl Surf Sci，2018，427:92-101.

[24] R LIU，Q CHEN，M CAO，et al. Van der Bruggen，S. Zhao，Robust bio-inspired superhydrophilic and underwater superoleophobic membranes for simultaneously fast water and oil recovery [J]. J Membr Sci，2021，623:119041.

[25] R LI，L RAO，J ZHANG，et al. Novel in-situ electroflotation driven by hydrogen evolution reaction (HER) with polypyrrole (PPy) -ni-modified fabric membrane for efficient oil/water separation [J]. J Membr Sci，2021，635:119502.

[26] Y LIU，C ZHANG，Z WANG，et al. Scaly bionic structures constructed on a polyester fabric with anti-fouling and anti-bacterial properties for highly efficient oil-water separa-

tion [J] . RSC Adv, 2016, 6:87332-87340.

[27] T LE, X CHEN, H DONG, et al. An evolving insight into metal organic framework-functionalized membranes for water and wastewater treatment and resource recovery [J]. Ind Eng Chem Res, 2021, 60:6869-6907.

[28] R M REGO, M D KURKURI, M KIGGA. A comprehensive review on water remediation using UiO-66 MOFs and their derivatives [J] . Chemosphere, 2022, 302:134845.

[29] F YANG, M DU, K YIN, et al. Applications of metal-organic frameworks in water treatment: a review [J] . Small, 2022, 18:2105715.

[30] K WANG, J WU, M ZHU, et al. Highly effective pH-universal removal of tetracycline hydrochloride antibiotics by UiO-66-$(COOH)_2$/GO metal-organic framework composites [J] . J Solid State Chem, 2020, 284:121200.

[31] R ZHAO, Y TIAN, S LI, et al. An electrospun fiber based metal-organic framework composite membrane for fast, continuous, and simultaneous removal of insoluble and soluble contaminants from water [J] . J Mater Chem, 2019, A7:22559-22570.

4 改性废棉织物吸附剂的制备及水处理效能研究

4.1 研究概况

近年来，重金属污染已成为世界性的环境问题。在工业废水中，铜（Cu^{2+}）等重金属是最常见的污染物之一。研究表明，过量摄入铜对肝脏和心脏有害，甚至可能导致癌症。根据世界卫生组织（WHO）的规定，饮用水中铜的浓度应低于1.5mg/L。为了达到排放标准，有许多方法可以去除废水中的重金属，包括吸附、化学沉淀、螯合、离子交换、溶剂萃取和膜过滤。其中，吸附法以其吸附速度快、去除率高、原料来源广、绿色可回收等优点，成为处理低浓度重金属污染水体的研究热点。文献调查显示，各种吸附剂已被用于去除Cu（Ⅱ），其中一些在生物聚合物方面取得了优异的效果。最近，人们对通过与纤维素和农业废料（包括稻草和棉花）结合来去除溶液中的重金属产生了兴趣。工业副产品如废棉织物几乎没有商业价值，以服装纺织品和非织造布的形式生产，并逐年增加；它们通常直接燃烧，没有得到有效利用，造成严重的空气污染。因此，废棉织物（WCFs）往往会出现处理问题。WCFs的一种基本成分是纤维素，研究表明纤维素具有伯羟基和仲羟基。因此，棉纤维可通过羟基发生化学反应，生成具有新性能的螯合材料，与传统的颗粒状螯合树脂相比，螯合纤维具有比表面积大、吸附容量大、选择性强等优点。

通过在纤维素材料上引入合适的官能团，报道了各种螯合纤维在废水处理中的应用，含有偕胺肟和三唑基团的配体可与Pb^{2+}、Hg^{2+}和Cu^{2+}等多种金属离子形成稳定的配合物。在稀酸条件下，配合物可以解离释放金属离子并循环利用配体。近年来，含有偕胺肟和三唑基团的纤维吸附剂因其优异的吸附特性而受到广泛关注，用于重金属离子的去除或回收。例如，Xie等人开发了基于纤维性偕胺肟改性介孔二氧化硅微球的吸附剂来去除Pb^{2+}。Jin等人报道了一种1，2，4-三唑-3-硫醇功能化配体吸附剂，可选择性去除Cd^{2+}。

为了在纤维素吸附剂骨架上引入偕胺肟基团，采用了两种常规方法。一种是化学接枝反应，另一种是辐照接枝反应。然而，以往报道的偕胺肟基引入的接枝反应严格限于单修饰基的加成。因此，开发将三唑和偕胺肟基团同时引入吸附剂表面的新方法是非常需要的。

点击化学是一种广泛应用于生物偶联、药物筛选、材料科学等领域的重要方法，最早由 Sharpless 等人提出，其典型反应类型包括 Cu（Ⅰ）催化叠氮化物-炔 1,3 偶极环加成反应（CuAAC）、巯基-炔-咔嗒反应和 Diels-Alder 咔嗒反应。与传统的吸附剂改性方法相比，咔嗒化学具有反应条件温和、环境友好、选择性高、易于实现、对溶剂和 pH 值不敏感等优点。在点击反应方面，最常用的是 CuAAC 反应。然而，通过点击化学方法在废棉织物上引入偕胺肟基团的研究尚未见报道。因此，本研究的目的是合成偕胺肟和三唑功能化吸附剂（FCF-AT），并探索回收 Cu（Ⅱ）的可行性。为了了解吸附行为，研究了不同吸附参数对吸附过程的影响。本研究为制备对 Cu（Ⅱ）具有良好吸附性能的生物高分子吸附剂提供了一种简单可行的方法，具有广阔的应用前景。

4.2 试验内容和方法

4.2.1 改性废棉织物吸附剂的制备

3-甲基（丙-2-炔-1-基）氨基丙腈的合成：采用文献法合成了 3-甲基（丙-2-炔-1-基氨基）丙腈，取 3-甲氨基丙腈（40mmol）与 50mL 乙腈溶液，室温下滴加 3-溴丙炔（20mmol），再加入碳酸氢钠（20mmol），室温搅拌过夜。乙腈脱除后得到黄色残渣，经径向层析（EtOAc/己烷 1/5）纯化得到 3-甲基（丙-2-氨基-1 基）丙腈，为淡黄色液体（2.1g，86.2%）。

废棉织物吸附剂的制备：在吡啶（50mL）和废棉织物（5.0g）的混合物中，滴加二氯甲烷（10mL）和甲磺酰氯（1.0g）的混合物，滴加时间持续 10min 以上。在室温下搅拌 12h 后，对固体进行过滤，在低压条件下干燥 12h。然后，在 80℃下叠氮化钠（1.0g）和之前制备的固体（5.0g）用二甲基甲酰胺（50mL）处理 24h。通过过滤收集叠氮化棉（FCF-AZ），用抗坏血酸钠（2.5mmol）、硫酸铜（0.5mmol）和 3-甲基（丙-2-炔-1-基）氨基丙腈（10mmol）在 50mL 去离子水中处理 8h，得到叠氮化棉（FCF-TR）。之后，再加入乙醇（50mL），搅拌均匀得到 FCF-TR 悬浮液中，加入 K_2CO_3（2.8g，21mmol），然后加入盐酸羟胺（1.0g，14.5mmol），在 85℃下回流过夜，所得固体经过过滤，用乙醇和去离子水洗涤，干燥得到 FCF-AT。通过点击反应策略制备 FCF-AT 的过程如图 4-1 所示。

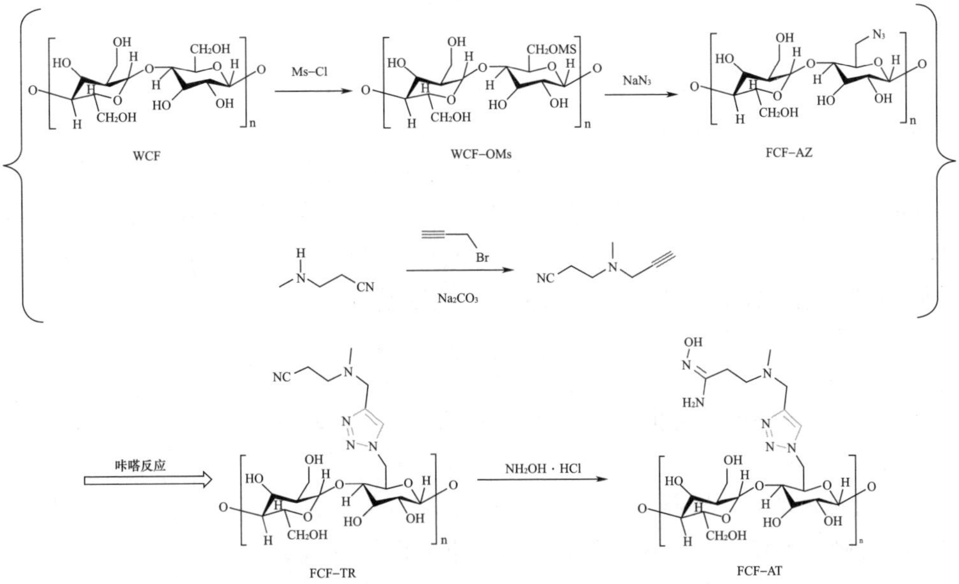

图 4-1　制备 FCF-AT 的合成工艺

4.2.2　改性废棉织物吸附剂的表征测试

利用扫描电子显微镜（SEM，Shimadzu SSX-550）对废棉织物样品进行了形貌表征。样品采用 XRD（Rigaku MiniFlex 600，Japan）进行鉴定，扫描速率为 7°/min。用 Malvern Zetasizer 检测样品的 Zeta 电位。使用 Avatar 360 光谱仪（Nicolet，USA）记录样品在 $4000\sim400cm^{-1}$范围内的 FT-IR 光谱。热性能采用梅特勒-托莱多热重分析仪测定，加热速率为 10℃/min。采用 ICP 发射光谱法（Skyray ICP2060T，中国）测定金属离子浓度。XPS 光谱采用 Al Kα X 射线源，采用 Thermo VG Multilab 2000 光谱仪采集。

4.2.3　改性废棉织物吸附剂的吸附试验内容

通过批量吸附试验研究了 FCF-AT 对 Cu（Ⅱ）的吸附行为，将 20mg 干燥的 FCF-AT 浸泡在 50mL Cu（Ⅱ）溶液中，浓度范围为 10～400mg/L。在一个典型的程序中，使用一系列 150mL 的锥形玻璃烧瓶，在室温下以 160r/min 的速度将烧瓶置于培养摇床中 3h。达到平衡后，将吸附剂离心收集。采用电感耦合等离子体发射光谱法（ICP-OES）测定 Cu（Ⅱ）吸附试验中 Cu（Ⅱ）浓度。去除率和吸附量（Q_e）按式（4-1）和（4-2）定义：

$$R_e=\frac{C_0-C_e}{C_0}\times100\% \tag{4-1}$$

$$Q_e=\frac{(C_0-C_e)\times V}{m} \tag{4-2}$$

式中，Q_e为Cu（Ⅱ）的吸附量（mg/g）；C_e和C_0分别为Cu（Ⅱ）的平衡浓度和初始浓度（mg/L）；m为FCF-AT的干重（g）；V为溶液体积（L）。

研究了FCF-AT对Cu（Ⅱ）的吸附动力学，制备了几个含有相同浓度（200mg/L）Cu（Ⅱ）和等量吸附剂（20mg）的150mL锥形玻璃烧瓶。为了达到平衡，室温下溶液在转速160r/min下摇晃。在预定时间（从10min到4h）从锥形玻璃烧瓶中取出1mL样品进行分析。吸附量Q_t由式（4-3）计算：

$$Q_t=\frac{(C_0-C_t)\times V}{m} \tag{4-3}$$

式中，C_t为t时刻Cu（Ⅱ）的浓度（mg/L）；Q_t为t时刻Cu（Ⅱ）的吸附量（mg/g）。

通过批量试验，研究了吸附剂的等温吸附性能，在pH＝6.0、室温条件下，用20mg吸附剂和50mL不同浓度的Cu（Ⅱ）溶液浸泡3h。

以Cu（Ⅱ）溶液为200mg/L，室温pH＝6.0，FCF-AT、FCF-TR和WCF的质量浓度为40～1000mg/L，考察吸附剂用量的影响。

在室温条件下，初始铜质量浓度为200mg/L，pH在2.0～7.0范围内变化，研究了pH对Cu（Ⅱ）吸附的影响。通过加入0.1mol/L NaOH或0.1mol/L HCl来改变溶液的初始pH。在Cu（Ⅱ）初始质量浓度为200mg/L，pH＝6.0的条件下，温度在298～338K范围内变化，研究了温度对吸附量的影响。为了测试FCF-AT对Cu（Ⅱ）的选择性，将20mg吸附剂加入50mL的二元溶液［初始浓度为200mg/L的Cu（Ⅱ）和共存的金属离子］中，在pH＝6.0的室温下振荡3h。

回收试验：负载铜的吸附剂用50mL HCl溶液处理，在pH＝1.0下，以160r/min振荡12h。通过过滤收集固体，分析过滤器中Cu（Ⅱ）的浓度，评价其解吸效率。通过在HCl溶液中进行顺序吸附-解吸循环，考察了FCF-AT的可重复使用性。

4.3 结果与讨论

4.3.1 表征结果分析

图4-2为WCF、FCF-TR、FCF-AT和FCF-AT-Cu的SEM图像，所有纤维的完整性都保持得很好，说明纤维的结构没有受到改性反应和应用过程的破坏。还可以看出，WCF［图4-2（a）］表面更加光滑，而FCF-TR［图4-2（b）］、

FCF-AT［图4-2（c）］和FCF-AT-Cu［图4-2（d）］表面变得粗糙，并产生了一些褶皱，说明棉纤维在改性和吸附过程中受到了腐蚀。经偕胺肟改性后，FCF-AT的直径因膨胀而增大。而且，Cu（Ⅱ）吸附后，FCF-AT-Cu表面未观察到金属颗粒，说明Cu（Ⅱ）与FCF-AT的相互作用是化学络合作用，而不是物理吸附作用。

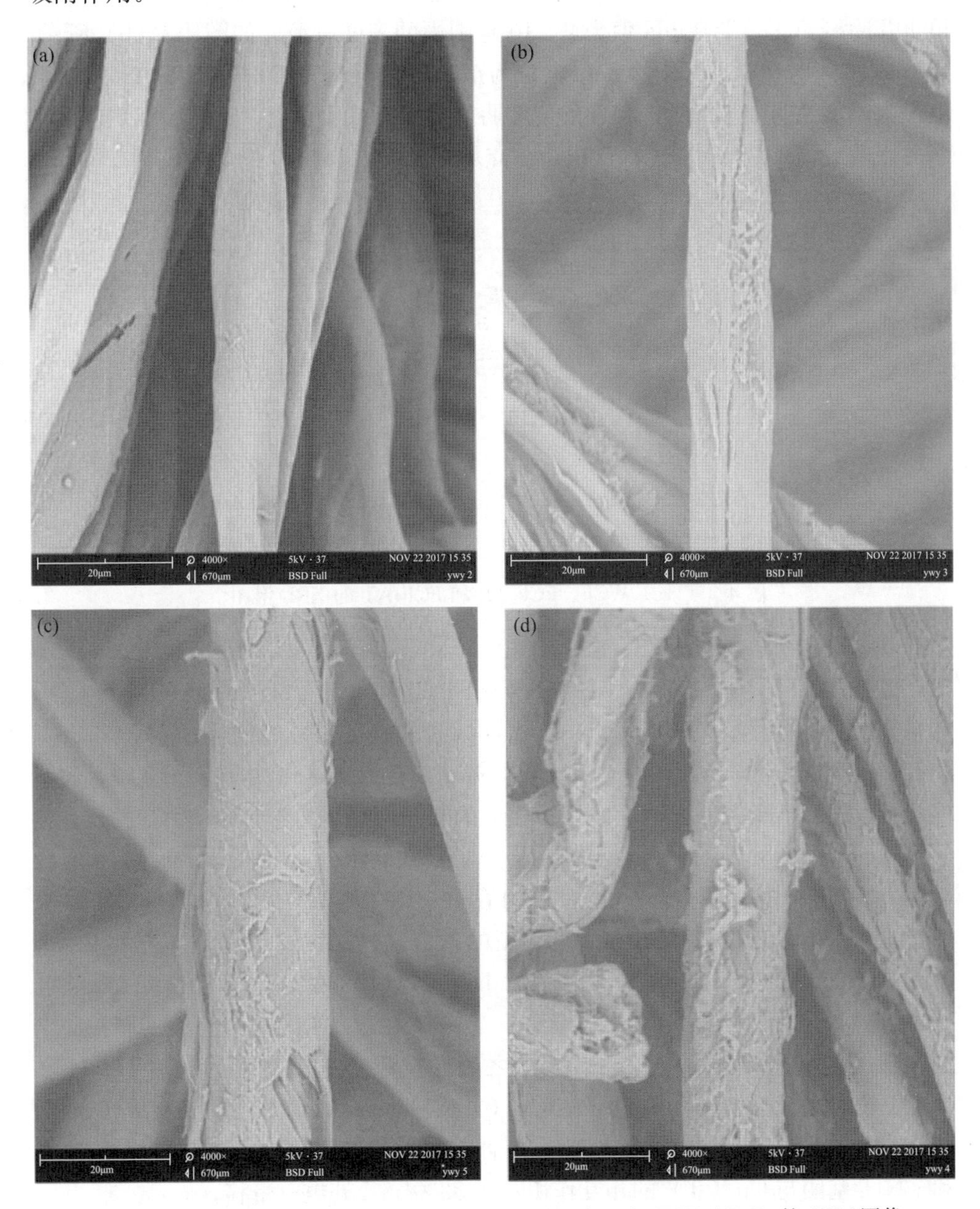

图4-2　(a) WCF、(b) FCF-TR、(c) FCF-AT和 (d) FCF-AT-Cu的SEM图像

用 XRD 对原料和功能化 WCF 样品的晶体结构特征进行了表征，从图 4-3 (a)中可以看出，WCF 在 $2\theta=14.8°$、$16.5°$和 $22.9°$附近显示出典型的衍射峰，分别属于（1-10）、（110）和（200）衍射面。经三唑和偕胺肟改性后，FCF-TR 和 FCF-AT 的光谱与 WCF 基本一致，但强度略有减弱，这一现象说明改性后 WCF 的内部晶体结构没有发生变化。采用 Zeta 电位法测定了 WCF、FCF-TR 和 FCF-AT 在 pH 值为 2～10 范围内的表面电荷。如图 4-3（b）所示，在 pH<6.4 时，FCF-TR 的 Zeta 电位为正，而在 pH<6.2 时，FCF-AT 的 Zeta 电位为正，说明由于纤维上存在的偕胺肟基和三唑基质子化，经过表面三唑和偕胺肟改性后，WCF 纤维的 Zeta 电位零点增强。

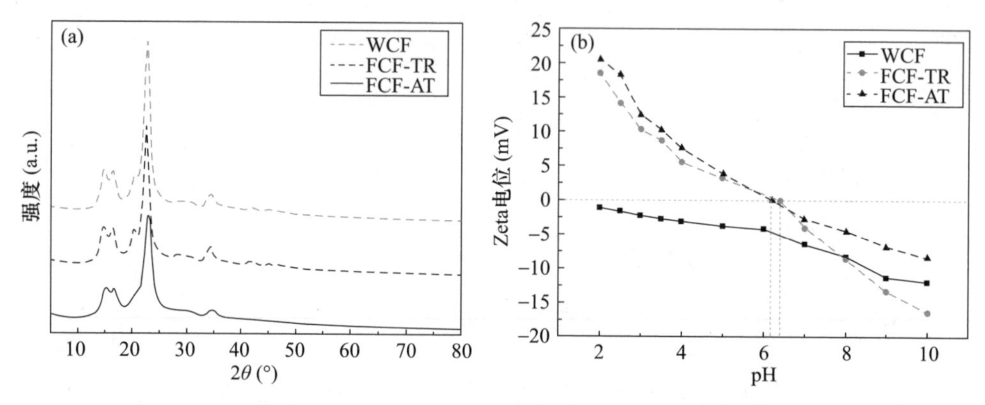

图 4-3　(a) WCF、FCF-TR 和 FCF-AT 的 XRD 谱图；
(b) WCF、FCF-TR 和 FCF-AT 的 Zeta 电位

得到 WCF、FCF-AZ、FCF-TR、FCF-AT 和 FCF-AT-Cu 的 FT-IR 光谱，结果如图 4-4 所示，所有样品均显示棉纤维素的特征带。光谱显示在 $3435cm^{-1}$处有一个宽峰，属于 WCF 的 O—H 拉伸振动，在 $2904cm^{-1}$处有一个宽峰，属于棉纤维素的 C—H 拉伸振动，$1634cm^{-1}$处的峰是由羟基的弯曲振动引起的，在化学修饰的样品中可以观察到显著的差异。对于 FCF-AZ，在 $2111cm^{-1}$处的强吸收与不对称拉伸振动证实了叠氮基的存在。在 FCF-TR 中，峰值减小，在 $2240cm^{-1}$和 $1658cm^{-1}$处，出现了两个新的条带，分别对应于一个腈基团和一个 C=N 键的拉伸振动。FCF-AT 在 $2240cm^{-1}$处吸收峰消失，在 $924cm^{-1}$和 $1657cm^{-1}$处出现两个峰，分别对应于 N—O 和 C=N 的拉伸振动，表明腈基向偕胺肟基的转变完成。$3417\sim3345cm^{-1}$之间的宽频带是由氨基肟化后 O—H 和 N—H 拉伸振动的重叠引起的。Cu（Ⅱ）吸附后，偕胺肟 C=N 单元的 $1657cm^{-1}$波段红移至 $1647cm^{-1}$，N—O 伸缩振动的红移约为 $6cm^{-1}$。由于—OH 和—NH_2基团与 Cu（Ⅱ）的相互作用，在 $3200cm^{-1}$处也有带移。

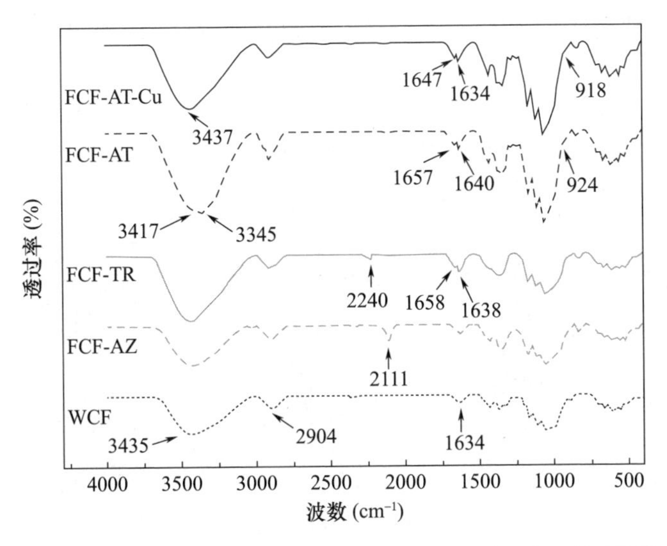

图 4-4 FCF-AT-Cu、FCF-AT、FCF-TR、FCF-AZ 和 WCF 的 FT-IR 光谱

用 XPS 对吸附后的 FCF-AT 和 FCF-AT-Cu 配合物的表面进行了研究，结果如图 4-5 所示。结果表明，样品在 533.2eV、4000.3eV 和 286.7eV 处的谱带分别属于 O-1s、N-1s 和 C-1s。此外，Cu（Ⅱ）吸附后的样品出现了两条新的谱带，$Cu\text{-}2p_{3/2}$的谱带在 932.1eV，$Cu\text{-}2p_{1/2}$的谱带在 952.3eV 左右，表明 FCF-AT 可以用于 Cu（Ⅱ）的吸附。

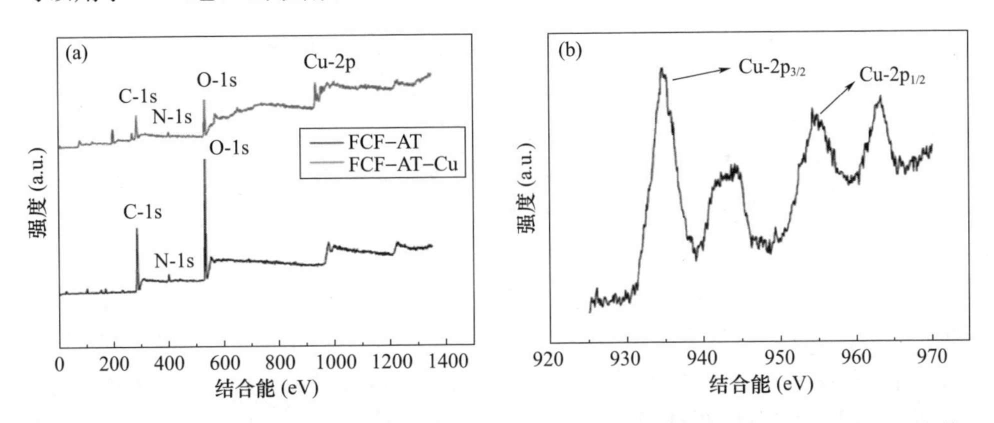

图 4-5 （a）FCF-AT 和 FCF-AT-Cu 的 XPS 光谱；（b）FCF-AT-Cu 中 Cu-2p 的 XPS 光谱

废棉织物及其衍生物的热重曲线如图 4-6 所示，WCF 表现出三个失重阶段，在 30～300℃温度范围内，第一个失重阶段为 5.8%，对应于物理吸附水的蒸发。在 300～450℃范围内，第二步失重 65.7%，这是由于纤维素的热解聚造成的。第三阶段在 350～700℃的温度范围内可观察到失重 23.6%，对应于纤维素的糖苷键的降解。在 FCF-AT 的情况下，在 165℃（5.2%）下失重的第一步与吸收

的水分有关。在185～245℃范围内发生分解，失重43.2%，这可能是由于纤维素的降解或解聚。另一种从245℃到700℃的分解，质量损失22.7%，可能是由于纤维表面的功能化链的分解。FCF-AT-Cu的分解机理与FCF-AT相似，但略有不同。FCF-AT的最终质量百分比高于FCF-AT，证明Cu（Ⅱ）已经吸附在FCF-AT上，从而证实了XPS结果。

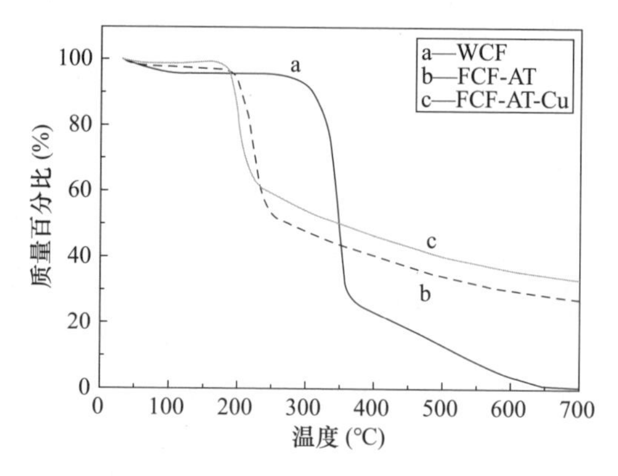

图4-6 WCF、FCF-AT和FCF-AT-Cu的TGA曲线

4.3.2 改性废棉织物吸附剂的剂量对水体中Cu（Ⅱ）吸附的影响

研究吸附剂剂量对Cu（Ⅱ）吸附的影响，结果如图4-7（a）所示。随着吸附剂用量的增加，Cu（Ⅱ）的去除率可明显增加，而随着FCF-AT用量从40mg/L增加到400mg/L，Cu（Ⅱ）的吸附量从40.1mg/g逐渐增加到116.5mg/g。当FCF-AT用量继续增加时，吸附量急剧下降。可以解释为，随着吸附剂用量的增加，吸附部位和表面积增加，而Cu（Ⅱ）平衡浓度降低，吸附驱动力减弱。虽然吸附的Cu（Ⅱ）总数增加，但单位质量吸附剂吸附的Cu（Ⅱ）数量减少，从而导致Cu（Ⅱ）的吸附能力下降。数据还清楚地表明，FCF-AT具有比WCF和FCF-TR更高的Cu（Ⅱ）去除能力，因为改性后FCF-AT表面有许多吸附位点，这证实了偕胺肟和三唑基团对棉织物的功能化提高了WCF对Cu（Ⅱ）的吸收。当吸附剂用量大于400mg/L时，对Cu（Ⅱ）的去除率变化不大，FCF-AT的最佳吸附剂用量为400mg/L，最大吸附量为116.5mg/g，对Cu（Ⅱ）的去除率为92.3%。因此，采用400mg/L的FCF-AT批量吸附法。

（1）溶液pH的影响：溶液pH对FCF-AT吸附Cu（Ⅱ）的影响如图4-7（b）所示。结果表明，当pH为6.0时，其对Cu（Ⅱ）的最大吸附量为115.3mg/g，对Cu（Ⅱ）的去除率为93.1%。从2.0到6.0，Cu（Ⅱ）吸附量随着溶液pH的增加而增加，然后随着pH的进一步增加而降低，这是由于FCF-AT的表面电荷随溶液pH的变化而变化。在较低的pH下，吸附溶液中的H^+浓度较高，导致偕胺肟和三唑基团通过质子化作用带正电，因此，与 Cu（Ⅱ）竞争表面活性位点导致 Cu（Ⅱ)的吸收较低。随着 pH 值的增加，吸附剂表面由于偕胺肟和三唑基团的去质子化而带更多的负电荷，从而导致 Cu（Ⅱ）的吸收改善。吸附容量随 H^+ 浓度的降低而增加，表明 Cu（Ⅱ）的吸附存在静电吸引作用。而且，Cu（Ⅱ）在 FCF-AT 上的吸附也受表面络合作用的控制。随着溶液 pH 的变化，FCF-AT 表面的螯合基团可能发生质子化或去质子化，导致电子性质发生变化，从而不可避免地影响吸附剂的化学和物理性质。当 pH＞6.0 时，部分 Cu（Ⅱ）转变为 $Cu(OH)^+$ 和 $Cu(OH)_2$ 沉淀，这不仅减少了 FCF-AT 与金属离子的接触面积，而且降低了溶液中游离金属离子的浓度。因此，选择 pH＝6.0 作为进一步吸附试验是最合适的。

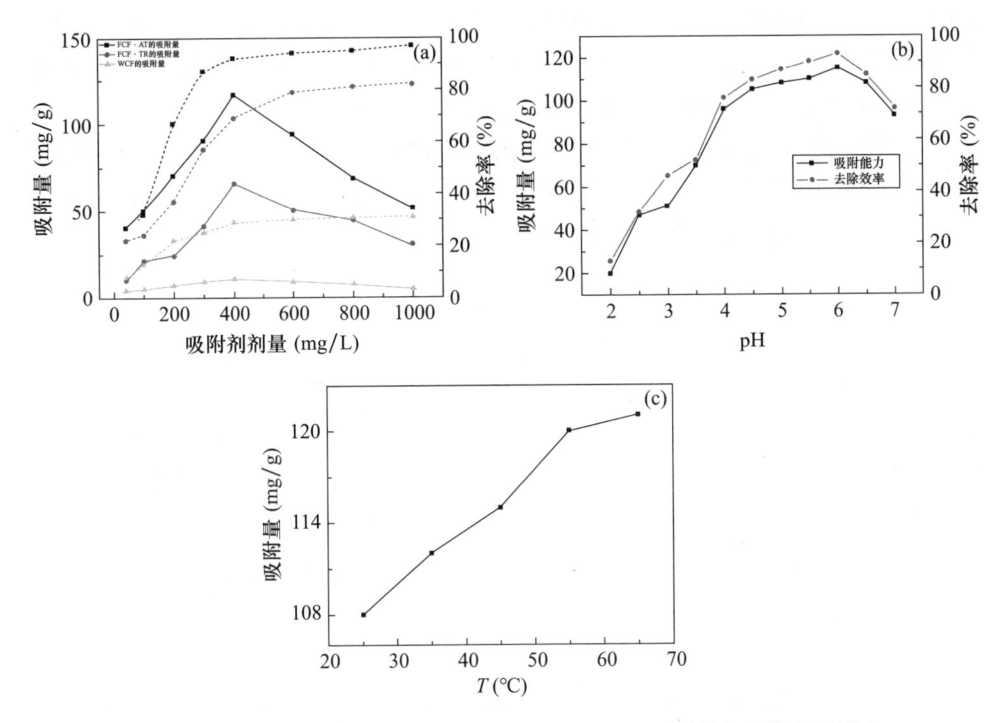

图 4-7　(a) 吸附剂剂量对 Cu（Ⅱ）(pH＝6.0) 吸附量和去除率的影响［Cu（Ⅱ）初始浓度 200mg/L，接触时间 3h］；
(b) 初始 pH 值对 Cu（Ⅱ）吸附量和去除率的影响［初始 Cu（Ⅱ）浓度为 200mg/L，吸附剂剂量为 400mg/L，接触时间 3h］；
(c) 温度对 Cu（Ⅱ）(pH＝6.0) 吸附能力的影响［Cu（Ⅱ）初始浓度 200mg/L，吸附剂剂量为 400mg/L，接触时间 3h］

(2) 吸附温度的影响：探讨了温度对 FCF-AT 吸附行为的影响。如图 4-7 (c) 所示，在 298～338K 范围内，随着温度的升高，FCF-AT 对 Cu（Ⅱ）的吸附量略有增加，说明吸附过程是吸热的。随着温度的升高，吸附量的增加可能是因为较高的温度有利于化学吸附，克服了活化能势垒，加快了颗粒的内部扩散速度。然而，温度的影响是有限的，并且只在一定范围内观察到，说明物理吸附在 Cu（Ⅱ）在 FCF-AT 上的吸附机制中作用较小，螯合作用更多地参与了吸附。

（3）初始浓度和吸附等温线的影响研究：考察了初始 Cu（Ⅱ）浓度对 FCF-AT 吸附性能的影响。从图 4-8（a）可以看出，平衡吸附容量随着 Cu（Ⅱ）初始浓度的增加而增加。然而，增加 Cu（Ⅱ）的初始浓度导致去除率降低。结果表明，在 10～400mg/L 为初始 Cu（Ⅱ）浓度范围内，随着 Cu（Ⅱ）浓度的增加，吸附的 Cu（Ⅱ）数量增加，在 C_0＜100mg/L 时，Cu（Ⅱ）的去除率高于 85.2%。随着初始 Cu（Ⅱ）浓度的进一步增加，吸附容量不会成比例增加，因为 Cu（Ⅱ）可占据的吸附位点在固定的吸附剂剂量下受到限制。当 Cu（Ⅱ）初始浓度大于 400mg/L 时，吸附量达到最大（115.1mg/g）。因此，FCF-AT 不仅对 Cu（Ⅱ）具有较强的吸附能力，而且在初始浓度较低时具有较好的 Cu（Ⅱ）去除率。

吸附等温线描述了在一定温度下平衡吸附量 Q_e 与平衡浓度 C_e 之间的关系。为了解释 Cu（Ⅱ）的吸附数据，将图 4-8（a）中的试验数据拟合到 Langmuir 和 Freundlich 等温吸附模型中，相应的吸附等温线如图 4-8（b）所示。

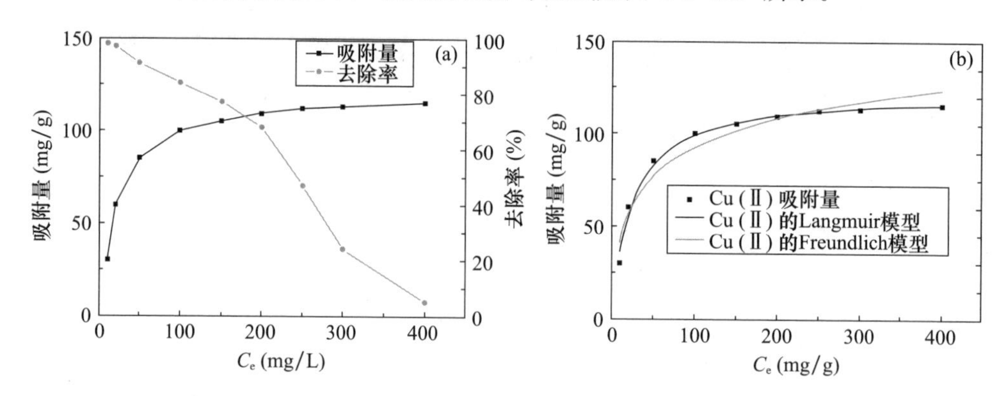

图 4-8 （a）初始 Cu（Ⅱ）浓度对 FCT-AT（pH 6.0）吸附量和去除率的影响（接触时间 3h，吸附剂剂量为 400mg/L）；（b）Cu（Ⅱ）在 FCF-AT（pH 6.0）上吸附等温线的非线性回归（接触时间 3h，吸附剂剂量为 400mg/L，温度 298K）

Langmuir 等温吸附模型和 Freundlich 等温吸附模型可分别简化为以下线性形式为

Langmuir：

$$q_e=\frac{bq_{max}C_e}{1+bC_e} \tag{4-4}$$

Freundlich：

$$q_e = K_F C_e^n \tag{4-5}$$

式中，q_e 和 q_{max}分别为 Cu（Ⅱ）在平衡状态下吸附的数量和最大吸附容量，mg/g；C_e 为吸附物的平衡浓度，mg/L；吸附指数 b、K_F和 n 根据温度取值。

由模型拟合得到的参数列于表 4-1。Langmuir 等温线模型拟合效果（$R^2=0.9920$）优于 Freundlich 等温线模型（$R^2=0.8830$），Langmuir 方程对 Cu（Ⅱ）的最大吸附量（122.4mg/g）近似等于试验得到的吸附饱和量（115.1mg/g），表明吸附剂对 Cu（Ⅱ）是单层吸附。Langmuir 等温线假设吸附剂通过单层吸附被吸附在均匀的吸附位点上，并且被吸附的分子之间没有相互作用。

表 4-1　FCF-AT 吸附 Cu（Ⅱ）的等温线参数

Freundlich 等温线模型			Langmuir 等温线模型		
n	K_F（mg/g）	R^2	q_{max}（mg/g）	b	R^2
0.2482	28.38	0.8830	122.4	0.043	0.9920

接触时间与吸附动力学的研究：FCF-AT 对 Cu（Ⅱ）的吸收随时间变化，如图 4-9（a）所示。其中，Cu（Ⅱ）在 3h 左右达到吸附平衡，最大吸附量为 112.3mg/g，去除率为 97.1%。动力学曲线表明，FCF-AT 对 Cu（Ⅱ）的吸附可分为两个周期。第一个周期与 Cu（Ⅱ）在外表面的吸附有关，其速率非常快。第二阶段是缓慢的逐渐吸附，直到达到平衡。在初始阶段，吸附剂表面有大量的活性位点，因此 Cu（Ⅱ）很容易被 FCF-AT 吸附。随着时间的推移，大量 Cu（Ⅱ）积聚在纤维表面，导致可用活性位点减少，阻碍了 Cu（Ⅱ）的分子运动，导致非线性吸附。

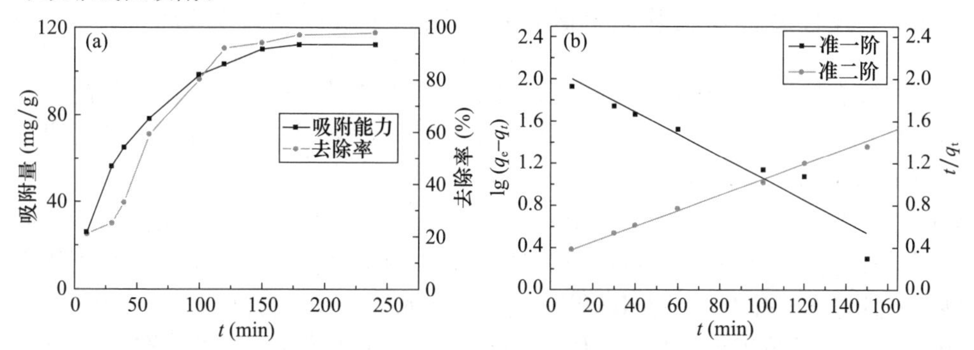

图 4-9　（a）接触时间对 Cu（Ⅱ）吸附能力和去除率的影响［pH 6.0，初始 Cu（Ⅱ）浓度 200mg/L，吸附剂剂量 400mg/L，温度 298K］；（b）FCF-AT（pH 6.0 吸附 Cu（Ⅱ）的准一阶和准二阶吸附速率图［初始 Cu（Ⅱ）浓度 200mg/L，吸附剂剂量 400mg/L，温度 298K］

为了阐明和确定最佳的吸收过程条件，采用准一阶（Lagergren 模型）和准二阶（Ho 和 McKay 模型）动力学方程来解释试验数据，以明确和确定最佳吸收过程条件。

准一阶式（4-6）和准二阶式（4-7）的动力学模型表示为

$$\lg(q_e - q_t) = \lg q_e - \frac{k_1}{2.303}t \tag{4-6}$$

$$\frac{t}{q_t} = \frac{1}{k_2 q_e^2} + \frac{t}{q_e} \tag{4-7}$$

式中，k_1（$\min^{-1}$）和 k_2［g/（mg·min)］分别为准一阶和准二阶吸附速率常数；q_e和 q_t 分别为平衡态和 t 时刻的吸收容量，mg/g。

图 4-9（b）的试验数据符合准一阶和准二阶动力学方程，见表 4-2，与拉格朗日动力学模型相比，试验 q_e结果更符合 Ho 和 McKay 动力学模型。

表 4-2　Cu（Ⅱ）吸附 FCF-AT 的动力学参数

准一阶模型			准二阶模型		
q_e (mg/g)	k_1 (1/min)	R^2	q_e (mg/g)	k_2 ［g/（mg·min)］	R^2
129.4	0.0248	0.9505	124.9	0.0000549	0.9959

与拉格朗日动力学模型相比，q_e结果更符合 Ho 和 McKay 动力学模型。准一阶吸收动力学模型拟合系数 R^2（0.9505）小于准二阶动力学模型拟合系数 R^2（0.9959)，说明准二阶方程能更好地描述试验数据，这一现象说明吸附动力学的速率决定机制是化学吸附。在大多数情况下，准二阶模型假定速率决定步骤可能是化学吸附，Deng 等人和 Manzoor 等人也报道了类似的结果。

4.3.3　改性废棉织物吸附剂的选择性吸附及吸附机理分析

考察了 FCF-AT 在五种二元金属离子体系中的吸附选择性，结果如图 4-10（a）所示。从图 4-10（a）可以看出，Cu（Ⅱ）很容易被 FCF-AT 从 Cu（Ⅱ)-Pb（Ⅱ)、Cu（Ⅱ)-Ni（Ⅱ)、Cu（Ⅱ)-Zn（Ⅱ)、Cu（Ⅱ)-Hg（Ⅱ）和 Cu（Ⅱ)-Al（Ⅲ）体系中吸附。Pb（Ⅱ)、Hg（Ⅱ）和 Cu（Ⅱ）均能与偕胺肟配体结合，但 FCF-AT 对不同离子的结合能力不同，这种差异可能与吸附过程中涉及的其他因素有关，包括相互作用物质的酸碱度、水合能和阳离子半径等。由于 Cu（Ⅱ）对 FCF-AT 的偕胺肟和三唑基团具有高亲和力，因此具有高选择性。正如路易斯酸碱相互作用所解释的那样，Cu（Ⅱ）被定义为软离子，可以与含氮基团和氧原子形成相对稳定的配合物。因此，FCF-AT 对 Cu（Ⅱ）具有较好的吸附选择性。

为了探究 FCF-AT 吸附 Cu（Ⅱ）的可能机理，进一步采用 XPS 法进行了研究，高分辨率 XPS 光谱显示，FCF-AT 的 BE 值在 399.6eV 和 400.6eV 处有两峰［图 4-10（b)］，分别与 1，2，3-三唑和偕胺肟基的氮原子一致。吸附 Cu（Ⅱ）

后，N-1s的BE值呈现正偏移，这与其他类似研究结果一致。同时，FCF-AT吸附Cu（Ⅱ）后O-1s的BE值与FCF-AT的相比变化较小，从532.7eV下降到531.9eV，在533.1eV处出现了一个新的峰值［图4-10（c）］。这些观察结果表明，Cu（Ⅱ）被吸附在FCF-AT表面，可能是因为氧原子和氮原子都可以与Cu（Ⅱ）形成配位键。值得注意的是，Cu-$2p_{3/2}$轨道的XPS谱被分为两个波段，95.2eV处对应Cu（Ⅱ），933.8eV处对应氮结合铜，进一步证明螯合作用在Cu（Ⅱ）摄取中起重要作用如图4-10（d）所示。

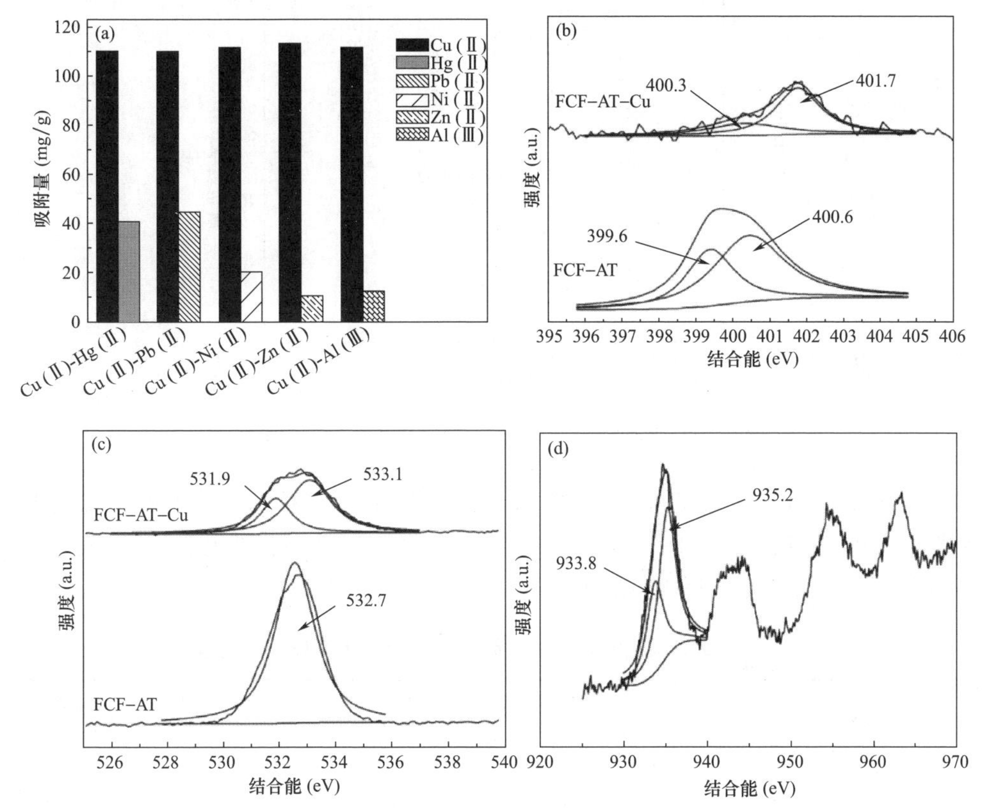

图4-10　(a) FCF-AT对Cu（Ⅱ）-Pb（Ⅱ）、Cu（Ⅱ）-Ni（Ⅱ）、Cu（Ⅱ）-Zn（Ⅱ）、Cu（Ⅱ）-Hg（Ⅱ）和Cu（Ⅱ）-Al（Ⅲ）二元金属离子体系（pH 6.0）的吸附能力（接触时间3h，初始金属离子浓度200mg/L，吸附剂剂量为400mg/L）；(b) 吸附Cu（Ⅱ）前后FCF-AT的N-1s XPS谱图；(c) FCF-AT吸附Cu（Ⅱ）前后O-1s的XPS谱图；(d) Cu-$2p_{3/2}$的XPS光谱

4.3.4　改性废棉织物吸附剂的再生分析

探讨了FCF-AT的再生和可重复使用性，从可重复使用性和成本效益方面进一步评价了其应用潜力。在之前的pH研究中，H^+与Cu（Ⅱ）的竞争吸附如

图 4-7 (b)所示。根据 Cu（Ⅱ）在低 pH 条件下较差的吸附特性，可以得出其解吸可能受 pH 控制，废吸附剂可在酸性溶液中再生。鉴于此，本工作采用 1mol/L HCl 溶液进行再生试验，将吸附剂重复使用 5 次。如图 4-11 所示，在连续 5 次吸附/解吸循环后，Cu（Ⅱ）的吸附率略微下降了约 6.2%。连续循环 3 次后，再生吸附剂的吸附容量仍保持在 106.9mg/g，表明 FCF-AT 具有良好的 Cu（Ⅱ）去除、再生和再循环性能。

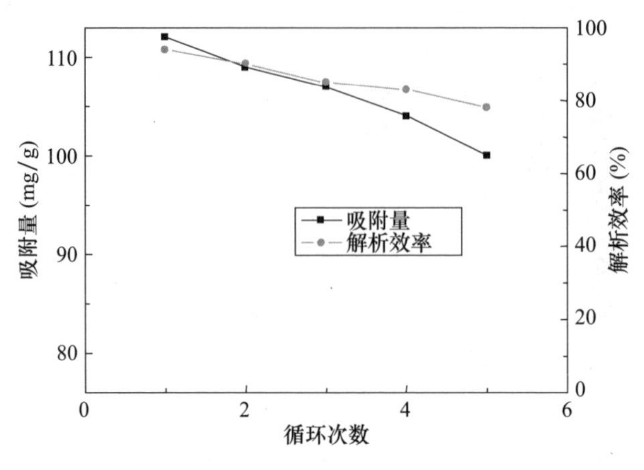

图 4-11　循环利用 FCF-AT 对 Cu（Ⅱ）吸附的影响

与其他吸附剂的比较：将研究团队开发的吸附剂（FCF-AT）与其他报道的吸附剂对水溶液中 Cu（Ⅱ）的去除进行了比较研究，结果总结见表 4-3，表中采用多种材料制备 Cu（Ⅱ）吸附剂。

表 4-3　文献报道的其他吸附剂对 Cu（Ⅱ）的吸附能力比较

材料	官能团	吸附量（mg/g）
玫瑰花瓣废弃生物质	未修改	124.2
大麦秆	聚乙烯亚胺	60
真菌生物量	柠檬酸	31.71
用过的咖啡渣	柠檬酸	60.37
Fe_3O_4磁性纳米颗粒	腐植酸	46.3
活性炭	聚（N，N-二甲基氨基乙基甲基丙烯酸酯）	31.46
螯合树脂	偕胺肟	146
材料/聚丙烯腈/Na-Y 沸石复合材料	偕胺肟	48.2
废棉织物	偕胺肟和三唑	122.4

然而，在本研究中，利用废棉织物作为支撑材料制备吸附剂，实现了吸附剂的可持续发展。主要区别在于，在温和条件下，可首次引入偕胺肟和三唑基团到

Cu（Ⅱ）吸附剂中。虽然其他一些吸附剂具有较高的吸附容量，但本研究中偕胺肟和三唑功能化废棉织物吸附剂具有较高的选择性和良好的吸附性能。这些结果表明 FCF-AT 具有高选择性富集和去除 Cu（Ⅱ）的潜力。

4.4　本章小结

综上所述，本章提出了一种简单有效的方法，通过用酰胺肟和三唑基团修饰废棉织物，成功制备了一种新型双功能吸附剂（FCF-AT）。分批吸附测定结果清楚地表明，FCF-AT 具有较高的对 Cu（Ⅱ）的吸附能力和选择性，最大吸附能力为 122.4mg/g。动力学试验表明，吸附过程可以在 3h 内完成。Cu（Ⅱ）在 FCF-AT 上的吸附遵循准二阶动力学和 Langmuir 等温线模型。XPS 分析表明，螯合作用在 Cu（Ⅱ）摄取过程中起着重要作用，该吸附剂在盐酸溶液中具有良好的再生能力和可重复使用性。这些性质表明，FCF-AT 是一种很有前途的有效去除水溶液中 Cu（Ⅱ）离子的材料。此外，新建立的表面改性方法将为扩展许多其他纤维素基材料在环境中（如废水的处理）的应用提供广阔的空间。最重要的是，WCF 作为吸附剂的再利用不仅解决了环境问题，而且为制备一种很有前途的吸附剂用于去除工业废水中的重金属离子提供了一种方法。

参考文献

[1]　AYDIN A，ORHAN H，SAYAL A，et al. Oxidative stress and nitric oxide related parameters in type Ⅱ diabetes mellitus：Effects of glycemic control [J]. Clin Biochem，2001，34 (1)：65-70.

[2]　HAIDARI M，JAVADI E，KADKHODAEE M，et al. Enhanced susceptibility to oxidation and diminished vitamin E content of LDL from patients with stable coronary artery disease [J]. Clin Chem，2001，47 (7)：1234-1240.

[3]　GUPTE A，MUMPER R J. Elevated copper and oxidative stress in cancer cells as a target for cancer treatment [J]. Cancer Treat Rev，2009，35 (1)：32-46.

[4]　JOMOVA K，VALKO M. Advances in metal-induced oxidative stress and human disease [J]. Toxicology，2011，283 (2)：65-87.

[5]　YIN K，LI B，WANG X，et al. Ultrasensitive colorimetric detection of Cu^{2+} ion based on catalytic oxidation of L-cysteine [J]. Biosens Bioelectron，2015，64：81-87.

[6]　LIU Y，XU X，WANG M，et al. Metal-organic framework-derived porous carbon polyhedra for highly efficient capacitive deionization [J]. Chem Commun，2015，51 (60)：12020-12023.

[7]　BAO Y X，YAN X M，DU W，et al. Application of amine-functionalized MCM-41 modified ultrafiltration membrane to remove chromium (Ⅵ) and copper (Ⅱ) [J]. Chem Eng

J，2015，281:460-467.

[8] SKYLLBERG U，DROTT A. Competition between disordered iron sulfide and natural organic matter associated thiols for mercury（Ⅱ）-An EXAFS study [J]. Environ Sci Technol，2010，44 (4):1254-1259.

[9] SIROLA K，LAATIKAINEN M，LAHTINEN M，et al. Removal of copper and nickel from concentrated $ZnSO_4$ solutions with silica-supported chelating adsorbents [J]. Sep Purif Technol，2008，64 (1):88-100.

[10] INGLEZAKIS V J，LOIZIDOU M D，GRIGOROPOULOU H P. Equilibrium and kinetic ion exchange studies of Pb^{2+}，Cr^{3+}，Fe^{3+} and Cu^{2+} on natural clinoptilolite [J]. Water Res，2002，36 (11):2784-2792.

[11] MOTSI T，ROWSON N A，SIMMONS M J H. Adsorption of heavy metals from acid mine drainage by natural zeolite [J]. Int J Miner Process，2009，92 (1):42-48.

[12] IDRIS S A，HARVEY S R，GIBSON L T. Selective extraction of mercury（Ⅱ）from water samples using mercapto functionalized-MCM-41 and regeneration of the sorbent using microwave digestion [J]. J Hazard Mater，2011，193:171-178.

[13] SAMPER E，RODRIGUEZ M，DE LA RUBIA，et al. Removal of metal ions at low concentration by micellar-enhanced ultrafiltration (MEUF) using sodium dodecyl sulfate (SDS) and linear alkylbenzene sulfonate (LAS) [J]. Sep Purif Technol，2009，65 (3):337-342.

[14] CHAKRABARTY K，SAHA P，GHOSHAL A K. Separation of mercury from its aqueous solution through supported liquid membrane using environmentally benign diluent [J]. J Membr Sci，2010，350 (1):395-401.

[15] SETYONO D，VALIYAVEETTIL S. Functionalized paper-A readily accessible adsorbent for removal of dissolved heavy metal salts and nanoparticles from water [J]. J Hazard Mater，2016，302:120-128.

[16] BILAL M，SHAH J A，ASHFAQ T，et al. Waste biomass adsorbents for copper removal from industrial wastewater：a review [J]. J Hazard Mater，2013，263 (24):322-333.

[17] TIAN D，ZHANG X，LU C，et al. Solvent-free synthesis of carboxylate-functionalized cellulose from waste cotton fabrics for the removal of cationic dyes from aqueous solutions [J]. Cellulose，2014，21 (1):473-484.

[18] GRIMM A，ZANZI R，BJORNBOM E，et al. Comparison of different types of biomasses for copper biosorption. Bioresour [J]. Technol，2008，99 (7):2559-2565.

[19] MIRANDA R，SOSA-BLANCO C，BUSTOS-MARTINEZ D，et al. Pyrolysis of textile wastes：I. Kinetics and yields [J]. J Anal Appl Pyrolysis，2007，80 (2):489-495.

[20] ZHANG W，LI C，LIANG M，et al. Preparation of carboxylate-functionalized cellulose via solvent-free mechanochemistry and its characterization as a biosorbent for removal of Pb^{2+} from aqueous solution [J]. J Hazard Mater，2010，181 (1):468-473.

[21] VERNON F, SHAH T. The extraction of uranium from seawater by poly (amidoxime) /poly (hydroxamic acid) resins and fibre [J] . React Polym, Ion Exch, Sorbents, 1983, 1:301-308.

[22] O'CONNELL D W, BIRKINSHAW C, O'DWYER T F. A chelating cellulose adsorbent for the removal of Cu^{2+} from aqueous solutions [J] . J Appl Polym Sci, 2006, 99 (6): 2888-2897.

[23] MONIER M, AKL M A, ALI W M. Modification and characterization of cellulose cotton fibers for fast extraction of some precious metal ions [J] . Int J Biol Macromol, 2014, 66:125-134.

[24] XIONG J Q, JIAO C L, LI C M, et al. A versatile amphiprotic cotton fiber for the removal of dyes and metal ions [J] . Cellulose, 2014, 21 (4):3073-3087.

[25] EL-KHOULY A S, TAKAHASHI Y, SAAFAN A A, et al. Study of heavy metal ion absorbance by amidoxime group introduced to cellulose-graft-polyacrylonitrile [J] . J Appl Polym Sci, 2011, 120 (2):866-873.

[26] XIE Y, WANG J, WANG M, et al. Fabrication of fibrous amidoxime-functionalized mesoporous silica microsphere and its selectively adsorption property for Pb^{2+} in aqueous solution [J] . J Hazard Mater, 2015, 297:66-73.

[27] JIN C, ZHANG X, XIN J, et al. Clickable synthesis of 1, 2, 4-triazole modified lignin-based adsorbent for the selective removal of Cd (Ⅱ) [J] . ACS Sustainable Chem Eng, 2017, 5 (5):4086-4093.

[28] LIU X, LIU H, MA H, et al. Adsorption of the uranyl ions on an amidoxime-based polyethylene non woven fabric prepared by preirradiation-induced emulsion graft polymerization [J] . Ind Eng Chem Res, 2012, 51 (46):15089-15095.

[29] RAO L, XU J, XU J, et al. Structure and properties of polyvinyl alcohol amidoxime chelate fiber [J] . J Appl Polym Sci, 1994, 53 (3):325-329.

[30] NANDIVADA H, JIANG X, LAHANN J. Click chemistry: Versatility and control in the hands of materials scientists [J] . Adv Mater, 2007, 19 (17):2197-2208.

[31] CHU C H, LIU R H. Application of Click Chemistry on preparation of separation materials for liquid chromatography [J] . Chem Soc Rev, 2011, 40 (9):2177-2188.

[32] LAPWANIT S, TRAKULSUJARITCHOK T, NONGKHAI P N. Chelating magnetic copolymer composite modified by click reaction for removal of heavy metal ions from aqueous solution [J] . Chem Eng J, 2016, 289:286-295.

[33] BROTHERTON W S, MICHAELS H A, SIMMONS J T, et al. Apparent copper (Ⅱ) -accelerated azide-alkyne cycloaddition [J] . Org Lett, 2009, 11 (21):4954-4957.

[34] GONG T, ADZIMA B J, BAKER N H, et al. Photopolymerization reactions using the photoinitiated copper (Ⅰ) -catalyzed azide-alkyne cycloaddition (CuAAC) reaction [J]. Adv Mater, 2013, 25:2024-2028.

[35] KISLUKHIN AA, HONG V P, BREITENKAMP K E, et al. Relative Performance of

alkynes in copper-catalyzed azide-alkyne cycloaddition [J]. Bioconjugate Chem, 2013, 24 (4): 684-689.

[36] PEREIRA G R, BRANDAO G C, ARANTES L M, et al. 7-Chloroquinolinotriazoles: synthesis by the azide-alkyne cyclo-addition click chemistry, antimalarial activity, cytotoxicity and SAR studies [J]. Eur J Med Chem, 2014, 73 (12): 295-309.

[37] YAO F, XU L Q, FU G D, et al. Sliding-graft interpenetrating polymer networks from simultaneous "click chemistry" and atom transfer radical polymerization [J]. Macromolecules, 2010, 43 (23): 9761-9770.

[38] NISHIYAMA Y, LANGAN P, CHANZY H. Crystal structure and hydrogen-bonding system in cellulose Iβ from synchrotron X-ray and neutron fiber diffraction [J]. J Am Chem Soc, 2002, 124 (31): 9074-9082.

[39] PANGENI B, PAUDYAL H, INOUE K, et al. Selective recovery of gold (Ⅲ) using cotton cellulose treated with concentrated sulfuric acid [J]. Cellulose, 2012, 19 (2): 381-391.

5 EDTA-UiO-66-NH_2/CFC 复合材料的制备及水处理效能研究

5.1 研究概况

重金属、染料和化学战剂（CWAs）等污染物具有剧毒，可能对水生生物和人体健康造成严重损害。为了处理这些有害污染物，研究人员开发了吸附、离子交换、催化降解和膜分离等各种技术。其中吸附法和催化降解法因成本较低、环境友好、易于操作而成为消除重金属和有机污染物应用最广泛的方法。到目前为止，许多类型的吸附材料，如金属氧化物、介孔二氧化硅、碳基材料、聚合物和金属有机框架（MOFs）已被用于吸收重金属或染料。然而在单一系统中，它们大多用于染料或重金属的去除，虽然关于同时吸附这两种污染物的研究报道很少，但没有一种吸附材料能对 CWAs 进行催化降解。因此，有必要开发一种同时去除重金属和染料的多功能材料，并有效降解 CWAs。

MOFs 是一种由金属离子和有机配体构成的新型多孔配位聚合物，由于其表面积大，孔和结构易于维持，在催化、药物输送、传感和水处理方面具有广阔的应用前景。特别是典型的 Zr-基 MOF 和 UiO-66-NH_2，与其他 MOFs 相比，它具有优越的水热稳定性、可修饰配体和优异的 pH 耐受性，在吸附和催化领域得到了广泛的研究。例如，王等人制备了腺苷功能化的 UiO-66-NH_2，对 Cr（Ⅵ）（pH＝2）和 Pb（Ⅱ）（pH＝4）的最大吸附量分别为 196.60mg/g 和 189.69mg/g。然而，MOFs 通常以粉末形式存在，不能与水介质分离，这限制了它们的实际应用。因此，探索 MOF-基材料的优良回收策略具有重要意义。

最近，为了提高 MOFs 的可回收性，人们做出了许多努力，将其掺入各种基材中，如搅拌棒、不锈钢和织物，以进一步应用。在这些基材中，棉织物（CF）以其成本低、生物相容性好、耐化学性好、表面柔韧等优点而更具吸引力。同时，其衍生物 MOFs/棉织物复合材料（MOFs/CFCs）在各种应用中显示出巨大的潜力。到目前为止，原位生长和热压是制造 MOFs/CFCs 广泛使用的方法。尽管取得了很大的进步，但原位生长方法存在着不可避免地浪费昂贵的前驱体、分散不均匀和 MOFs 纳米颗粒结晶度差等缺点。此外，金属节点的锚定会消耗碳纤维表面大量的官能团，导致吸附能力下降。此外，热压方法还需要解决成本高、生产规模有限和温度高的问题。因此，迫切需要用新的方法来制备对目标污染物具有高吸附性能的坚固的 MOFs/CFCs。

为了提高原始材料的吸附能力，相关人员已经进行了大量的研究，用含 O 和 N 的官能团修饰它们。其中，乙二胺四乙酸（EDTA）是人们特别感兴趣的，它含有两个胺和四个羧酸基团，具有强螯合剂的作用。在吸附能力方面，各种类型的 EDTA 基团修饰的吸附材料对重金属和染料都表现出令人满意的吸附性能。例如，相关人员开发了一种 EDTA 功能化的 MOF-基吸附剂，用于有效吸收水溶液中的重金属。因此，推测在 MOFs/CFCs 上浸渍 EDTA 可以显著提高其去除污染水中重金属和染料的性能。然而，目前还没有开发 EDTA-功能化 MOFs/CFCs 同时吸收重金属和染料，关于探索新的制备方法的报道较少。

考虑到以上几点，我们提出了一种通过简单交联反应构建 EDTA 功能化 MOFs/CF 杂化材料的新策略。具体来说，首先用碱性溶液对 CF 进行丝光处理，以增加游离羟基的含量。然后选择 UiO-66-NH_2 作为功能化 MOF，以 EDTA 二酐（EDTAD）作为交联剂在 CF 表面进行修饰。值得一提的是，EDTAD 作为交联剂和胶黏剂制备 EDTA-功能化 UiO-66-NH_2/CF 复合材料（EDTA-UiO-66-NH_2/CFC）是基于 EDTAD 含有两种酸酐，其中一种能与丝光棉织物（MCF）的羟基反应，另一种能与 UiO-66-NH_2 的氨基反应。此外，EDTA-UiO-66-NH_2/CFC 三组分之间存在较强的共价键，因此其使用寿命长。此外，与报道用于 MOF-基吸附剂的交联剂如环氧氯丙烷、戊二醛和多巴胺相比，EDTAD 是多功能的。这是因为使用 EDTAD 作为交联剂不仅可以增强 EDTA-UiO-66-NH_2/CFC 的稳定性，还可以在复合吸附剂上原位生成两个—COOH 基团，从而提高对重金属离子和染料的吸附能力。在成功合成 EDTA-UiO-66-NH_2/CFC 后，我们以染料废水为例，研究其对重金属离子和染料的吸附性能和机理。同时，选取染色过程中两种高含量且经常使用的金属 Cu（Ⅱ）和 Cd（Ⅱ），以及三种典型阳离子染料亚甲基蓝（MB）、红花素 O（SO）和结晶紫（CV）作为模型污染物。还通过对 4-硝基苯基磷酸二甲酯的降解，考察了 EDTA-UiO-66-NH_2/CFC 复合材料的催化性能。

5.2 试验内容和方法

5.2.1 EDTA-UiO-66-NH_2/CFC 复合材料的制备

UiO-66-NH_2 的合成。参照先前报道的文献，UiO-66-NH_2 采用溶剂热法合成，以乙酸为调制剂。将 $ZrCl_4$（0.7mmol，0.164g）和 $H_2BDC-NH_2$（0.7mmol，0.127g）溶于 N,N-二甲基甲酰胺（DMF，8mL）、乙酸（1.2mL）和去离子水（0.05mL）

的混合物中，室温下溶解。搅拌约 5min 后，将混合物密封在 25mL 特氟龙衬垫中，在 120℃烤箱中加热 48h，然后冷却至室温。过滤得到黄色固体粉末，用 DMF 洗涤三次。洗涤后的产品在回流甲醇中浸泡搅拌 24h，过滤后在烘箱中 70℃干燥。

EDTA-UiO-66-NH_2/CFC 的制备：EDTA-UiO-66-NH_2/CFC 制备采用一种简单的交联方法，制备工艺如图 5-1 所示。为了有效地将 UiO-66-NH_2 固定在 CF 上，对原始 CF 进行丝光预处理，干燥后并切割成小块（4cm×4cm），对其进一步改性。值得注意的是，丝光作用降低了纤维素纤维的结晶度，增加了纤维上游离羟基的比例，促进成核从而使得 MOF 颗粒在织物上接枝。然后，以 EDTAD 为交联剂，通过酸酐介导的酯化和胺化反应，将 UiO-66-NH_2 接枝到丝光棉织物上。将 0.5g MCF 和 0.5g UiO-66-NH_2 在 20mL DMF 中充分悬浮，再将 1.6g EDTAD（乙二胺四乙酸二酐）溶解于 DMF 中，将溶液滴入上述混合物中。随后，在 120℃下搅拌 10h。最后，用 DMF 和去离子水多次洗涤得到 EDTA-UiO-66-NH_2/CFC，DMF 和去离子水的作用是去除多余的 EDTAD 和弱结合的 UiO-66-NH_2。

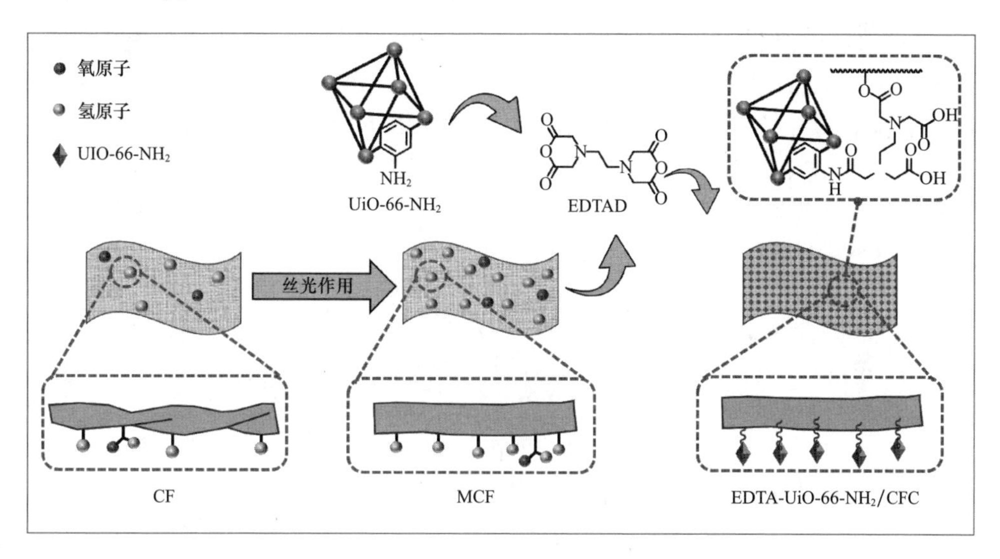

图 5-1 EDTA-UiO-66-NH_2/CFC 的制备工艺示意图

5.2.2 EDTA-UiO-66-NH_2/CFC 复合材料的表征测试

采用 TGA、FT-IR、SEM 和 XRD 等多种技术对所得材料进行表征，详细步骤如下。采用扫描电镜（SEM，JSM-IT500）对材料的形貌进行表征。采用 Cu-Kα 辐射（λ=1.5406Å），在德国 Bruker D8 Advance X 射线衍射分析仪上进行粉末 X 射线衍射（XRD）测量。使用 ASAP2010（Micromeritics Inc.，USA）

BET-BJH 仪器在 77K 下记录材料的比表面积和孔径分布，P/P_0 范围为 0.05～0.2。样品在 150℃下真空脱气 4h，然后进行 N_2 吸附/脱附测量。Zeta 电位在 Malvern ZEN2600 Zetasizer 上测量。傅立叶变换红外光谱（FT-IR）在 AVATAR 360 光谱仪（Nicolet，USA）上使用 KBr 圆盘法记录，范围为 4000～$400cm^{-1}$。用微机控制电子万能试验机（LD22，上海力实科学仪器有限公司）测试纤维的拉伸性能。保持纤维规长为 50mm，测试时十字速度为 50mm/min。随机抽取 50 个单纤维试样进行测量。材料的热重分析（TGA）使用 PerkinElmer 1061608 仪器在 25～800℃的温度范围内进行，在空气中加热速率为 10℃/min。紫外可见吸附光谱用岛津 UV-2550 分光光度计（日本岛津）记录。金属离子浓度采用电感耦合等离子体光学发射光谱仪（ICP）（ICP2060T，江苏天射线仪器有限公司，中国）测定。X 射线光电子能谱（XPS）用 Al Kα X 射线源的 Thermo VG Multilab 2000 光谱仪进行测量。

5.2.3 EDTA-UiO-66-NH_2/CFC 复合材料对水中重金属、染料吸附和解吸的分析

所有的间歇吸附和解吸试验都是重复三次的，并在 100mL 锥形烧瓶中进行，烧瓶中含有 30mg 吸附剂和 30mL 重金属（100mg/g）或染料（50mg/g）溶液，置于室温下转速为 150r/min 的旋转摇床上。用 ICPOES 和紫外-可见光谱法（UV-vis）测定金属离子和染料浓度。加入不同浓度的 HCl 或 NaOH 溶液（0.01～1.0mol/L）来调节 pH。$q_{t,e}$（mg/g）代表不同时间 t（min）和平衡时的吸附量，使用以下公式计算。

$$q_{t,e}=\frac{(C_0-C_{t,e})\times V}{m} \tag{5-1}$$

$$\text{Removal efficiency}(\%)=\frac{C_0-C_{t,e}}{C_0}\times 100\% \tag{5-2}$$

式中，$C_{t,e}$、C_0（mg/L）为 t 时刻或平衡初始时刻溶液中的金属离子浓度；m（g）为吸附剂质量；V（L）为溶液体积。

5.3 结果与讨论

5.3.1 表征结果分析

借助 SEM 分析了棉织物（CF）、丝光棉织物（MCF）和 EDTA-UiO-66-NH_2/CFC 的表面形貌。对于棉花基样品，它们的 SEM 图像［CF 如图 5-2（a），MCF 如图 5-2（b）和 EDTA-UiO-66-NH_2/CFC 如图 5-2（c）］在小放大倍数

(20μm) 下几乎相同。从图 5-2 (a) ～ (c) 可以看出，CF 具有规则的纤维结构，直径约为 20μm，MCF 和 EDTA-UiO-66-NH_2/CFC 的纤维形态也保留得很好，说明丝光和交联处理对其表面形态几乎没有影响。同时，从图 5-2 (d) 可以看出，大量的晶体被固定在纤维表面，这表明 UiO-66-NH_2 纳米颗粒在 EDTA-UiO-66-NH_2/CFC 表面成功地形成了共价键，并且分布均匀。此外，EDTA-UiO-66-NH_2/CFC 的高倍扫描电镜图像显示，获得了单分散尺寸为 200nm 的 UiO-66-NH_2 八面体颗粒 [图 5-2 (e)]。

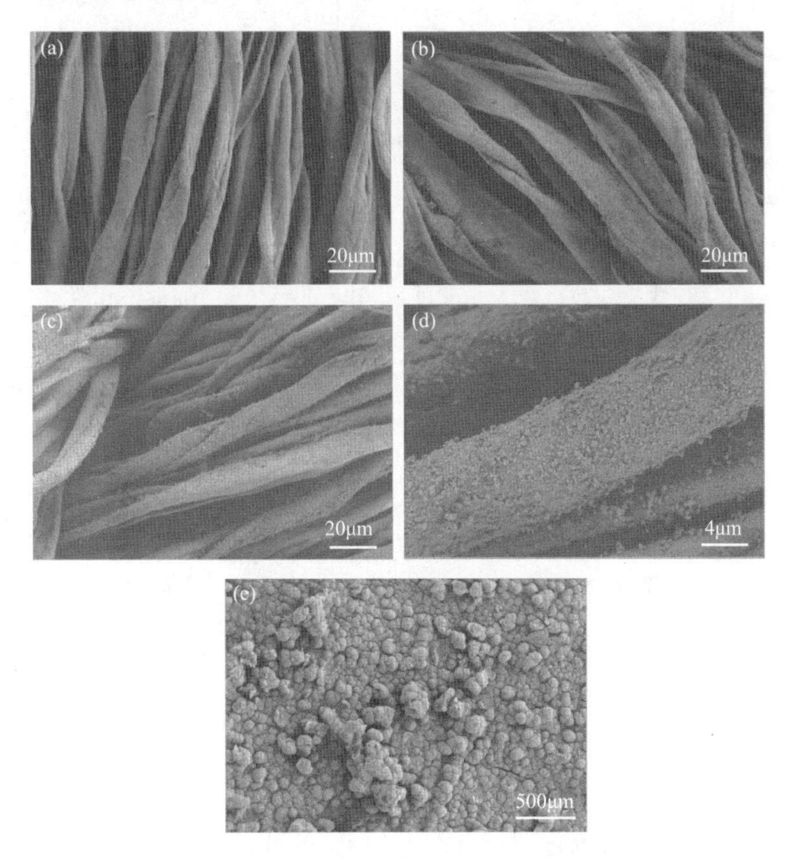

图 5-2 (a) CF、(b) MCF 和 (c) ～ (e) EDTA-UiO-66-NH_2/CFC 的 SEM 图像

为了比较 CF、UiO-66-NH_2 和 EDTA-UiO-66-NH_2/CFC 的孔隙度特征，我们进行了 N_2 吸附-解吸等温线试验，结果如图 5-3 (a) 所示。计算得出天然 CF、UiO-66-NH_2 和 EDTA-UiO-66-NH_2/CFC 的 BET 比表面积分别为 1.3m^2/g、848.7m^2/g 和 87.2m^2/g。值得注意的是，与天然 CF 相比，复合材料（EDTA-UiO-66-NH_2/CFC）的比表面积显著提高，表明 UiO-66-NH_2 晶体成功结合在棉纤维上。图 5-3 (b) 为 CF、MCF、UiO-66-NH_2、EDTA-UiO-66-NH_2/CFC 的 XRD 谱图。CF 的特征峰分别在 15.3°、17.1°、23.3°和 35.1°处，分别属于纤维

素Ⅰ的（1-10）、（110）、（200）和（004）层。

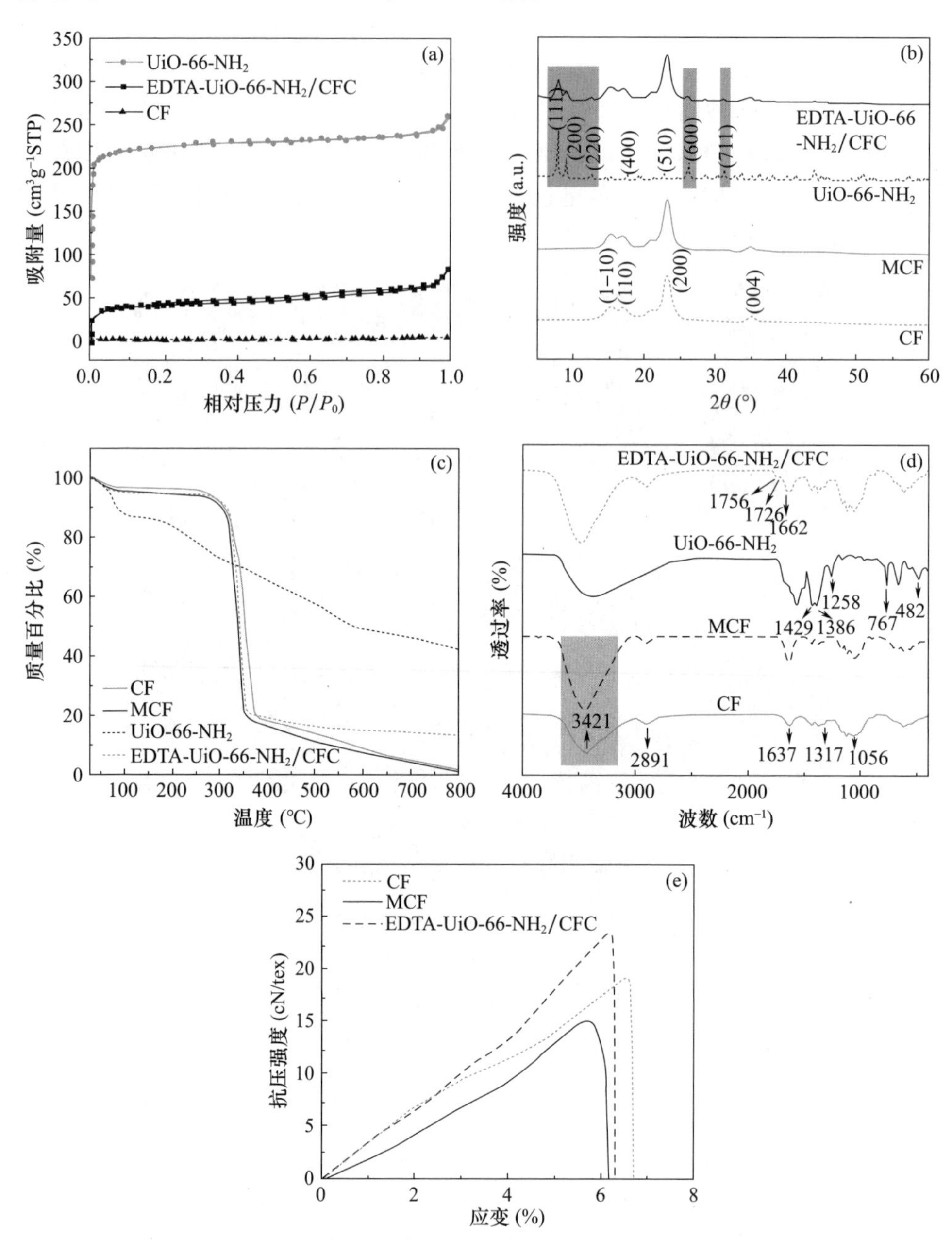

图 5-3 （a）$UiO\text{-}66\text{-}NH_2$、CF 和 $EDTA\text{-}UiO\text{-}66\text{-}NH_2/CFC$ 的 N_2 吸附和解吸等温线；（b）$UiO\text{-}66\text{-}NH_2$、CF、MF 和 $EDTA\text{-}UiO\text{-}66\text{-}NH_2/CFC$ 的 XRD 谱图；（c）$UiO\text{-}66\text{-}NH_2$、CF、MCF 和 $EDTA\text{-}UiO\text{-}66\text{-}NH_2/CFC$ 的 TGA 曲线；（d）$UiO\text{-}66\text{-}NH_2$、CF、MCF 和 $EDTA\text{-}UiO\text{-}66\text{-}NH_2/CFC$ 的 FT-IR 光谱；（e）CF、MCF 和 $EDTA\text{-}UiO\text{-}66\text{-}NH_2/CFC$ 的强度-应变曲线

经丝光处理后，MCF 的衍射峰与 CF 相比几乎没有变化，表明该棉基载体材料具有较高的稳定性。在 UiO-66-NH_2晶体的情况下，衍射峰出现在 7.9°、9.1°、12.6°、17.6°、22.7°、26.2°和 31.2°，分别对应于（111）、(200)、(222)、(400)、(511)、(600）和（711）晶体平面。EDTA-UiO-66-NH_2/CFC 的 XRD 谱图显示出棉花和 UiO-66-NH_2的特征峰，证实了 UiO-66-NH_2成功接枝在 MCF 上。值得注意的是，在 EDTA-UiO-66-NH_2/CFC 的制备过程中，UiO-66-NH_2结构保持稳定，这可以从（111)、(200）和（220）平面的 2θ 处 7.9°、9.1°和 12.6°的波段中得到证明。

图 5-3（c）给出了 CF、MCF、UiO-66-NH_2和 EDTA-UiO-66-NH_2/CFC 的 TGA 曲线。对于 CF 和 MCF，它们在两步减重中表现出相似的 TGA 曲线。特别是 25～100℃范围内的轻微质量损失是由水分或残余水的蒸发引起的。同时，CF 和 MCF 在这一阶段的失重率分别为 3.5%和 4.9%，MCF 较高的失重率可能是由于碱性溶液丝光后亲水游离羟基增加所致。另一方面，主要的质量损失发生在 300～375℃，归因于纤维素的热降解。而在 UiO-66-NH_2中观察到三步减重。除了所有样品都存在第一个阶段外，在 200～350℃下，第二阶段失重 17.2%可能是去除了残留的 DMF，而在 350～600℃下，第三阶段失重 20.5%被分配给框架崩溃和配体分解。对于 EDTA-UiO-66-NH_2/CFC，在 150～250℃范围内，EDTAD 与 MCF 和 UiO-66-NH_2交联反应形成的共价键分解，导致第二步质量损失约 2.8%。第三步在 350～600℃，失重约 5.8%，这是由于 EDTA-UiO-66-NH_2/CFC 的内部结构分解造成的。

CF、MCF、UiO-66-NH_2 和 EDTA-UiO-66-NH_2/CFC 的 FT-IR 光谱如图 5-3（d)所示。CF 显示了原始纤维素在 3421cm^{-1}、2891cm^{-1}、1637cm^{-1}、1317cm^{-1}和 1056cm^{-1}处的几个特征带，这些特征带分别归因于—OH、—CH_2—和 C—O—C 基团的拉伸和弯曲振动。与 CF 相比，MCF 在 3421cm^{-1}处的—OH 拉伸强度远高于 CF，表明丝光作用增加了 MCF 中游离羟基的含量。对于 UiO-66-NH_2，1429cm^{-1}、1386cm^{-1}和 1258cm^{-1}的特征带是由羧酸阴离子的不对称和对称振动引起的。此外，在 767cm^{-1}和 482cm^{-1}处分别检测到其 N-H 弯曲振动和 Zr-O 拉伸振动。与 EDTAD 和 MCF 交联后，在 EDTA-UiO-66-NH_2/CFC 的 1726～1756cm^{-1}处发现了一个新的峰，该峰归属于 UiO-66-NH_2的胺基与 MCF 的羟基和 EDTAD 的羧基之间形成的酰胺和酯键的羰基，以及引入的配体羧基。此外，在 EDTA-UiO-66-NH_2/CFC 中，在 1662cm^{-1}处存在一个新的能带，证实了游离羧酸的形成。综上所述，EDTA-UiO-66-NH_2/CFC 的 FT-IR 结果显示，其峰均为棉花、EDTAD 和 UiO-66-NH_2的峰。

图 5-3（e）显示了材料的抗拉强度。CF 保持良好的柔韧性，抗拉强度为 19.13cN/tex。但 MCF 变脆，抗拉强度降至 15.73cN/tex，这是由于碱处理对部

分棉纤维的结构破坏所致。有趣的是，在 MCF 表面引入 UiO-66-NH_2 纳米粒子后，EDTA-UiO-66-NH_2/CFC 纤维的抗拉强度显著提高到 23.39cN/tex。EDTA-UiO-66-NH_2/CFC 的机械强度提高是由于 MOFs 纳米颗粒在纤维表面的牢固结合。

5.3.2 EDTA-UiO-66-NH_2/CFC 复合材料对水中重金属和染料吸附性能的分析

(1) 吸附剂组成的影响

图 5-4（a）显示了三种样品对重金属和染料的吸附性能。结果表明，吸附剂的组成对污染物的去除效率有显著影响。可以看出，EDTA-UiO-66-NH_2/CFC 相对于原来的 UiO-66-NH_2 和 MCF 表现出更优越的污染物吸收性能，这主要是由于 EDTA 的引入提高了吸附剂的结合能力。因此，选择 EDTA-UiO-66-NH_2/CFC 作为进一步试验的最佳吸附剂。

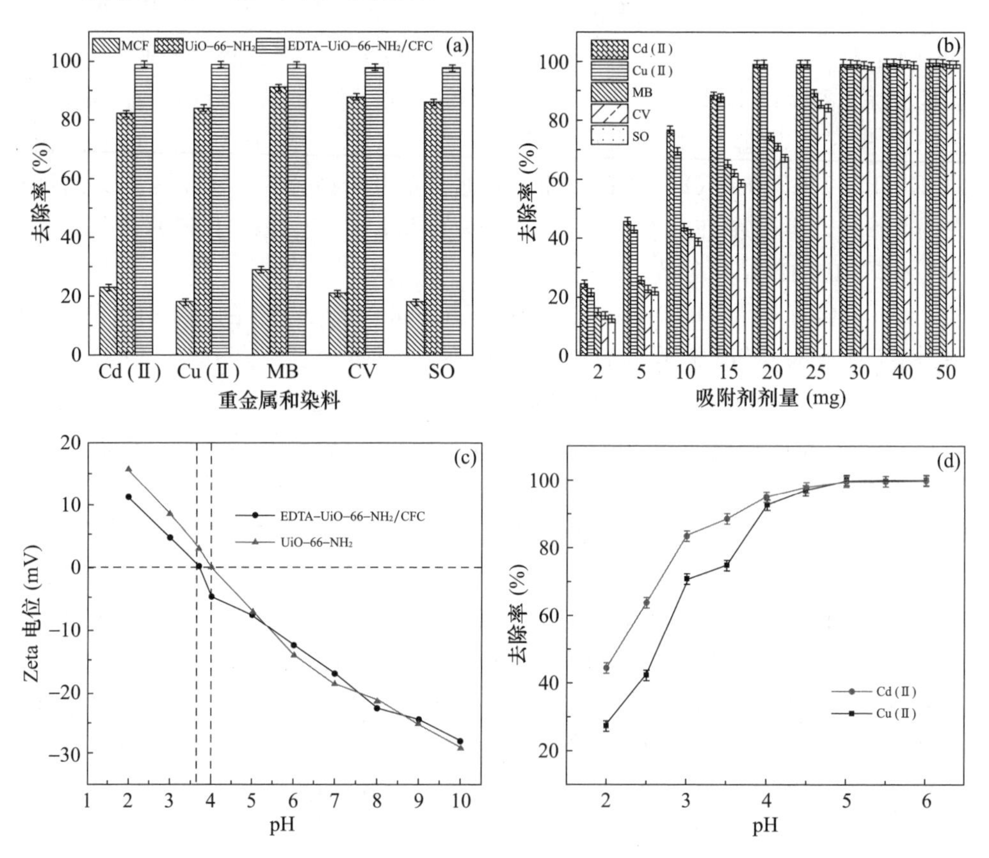

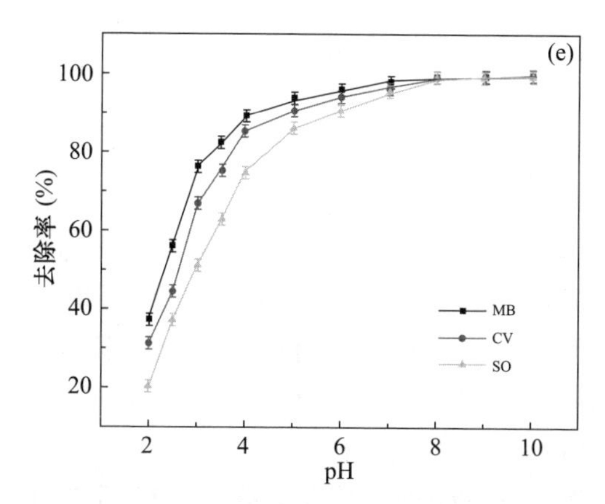

图 5-4 (a) 样品对 Cu(Ⅱ)、Cd(Ⅱ)、MB、CV 和 SO 的吸附性能
(试验条件:重金属初始浓度为 100mg/L,染料初始浓度为 50mg/L,重金属的 pH 为 5,
染料的 pH 为 8,温度是 298K,吸附剂剂量为 30mg,时间为 180min);
(b) 吸附剂用量对 Cu(Ⅱ)、Cd(Ⅱ)、MB、CV 和 SO 吸附的影响(试验条件:重金属
初始浓度为 100mg/L,染料初始浓度为 50mg/L,重金属的 pH 为 5,染料的 pH 为 8,
温度是 298K,时间为 180min);
(c) UiO-66-NH_2 和 EDTA-UiO-66-NH_2/CFC 的 Zeta 电位;
(d) (e) pH 对 EDTA-UiO-66-NH_2/CFC 吸附 Cd(Ⅱ)、Cu(Ⅱ)、MB、CV 和 SO 的影响
(试验条件:初始重金属和染料浓度分别为 100mg/L 和 50mg/L,
温度是 298K,吸附剂剂量为 30mg,时间为 180min)

(2) 吸附剂剂量的影响

研究了 EDTA-UiO-66-NH_2/CFC 在 2~50mg 范围内对污染物去除率的影响。由图 5-4(b)可以看出,当 EDTA-UiO-66-NH_2/CFC 投加量从 2mg 增加到 20mg 时,Cd(Ⅱ)和 Cu(Ⅱ)的去除率分别从 24.3%、21.5%显著提高到 99.3%和 99.2%。与重金属相似,当 EDTA-UiO-66-NH_2/CFC 投加量从 2mg 增加到 30mg 时,对 MB、CV 和 SO 的去除率分别从 14.7%、13.5%、12.4%显著提高到 99.2%、98.9%和 98.6%,这是因为较高的吸附剂用量可以为污染物的去除提供足够的活性位点。然而,EDTA-UiO-66-NH_2/CFC 投加量分别超过 20mg 和 30mg 后,对金属和染料的去除率基本保持不变,这是因为吸附剂已经达到了吸附平衡。此外,考虑到吸附剂超量会导致吸附剂团聚和表面活性位点的损失,因此,为了充分利用 EDTA-UiO-66-NH_2/CFC,发挥其最大吸附能力,后续所有试验中吸附剂用量均保持在 30mg。

(3) 初始 pH 的影响

为了进一步研究 UiO-66-NH_2 和 EDTA-UiO-66-NH_2/CFC 的吸附机理,在 pH 值为 2~10 的范围内测定了它们的 Zeta 电位。由图 5-4(c)可以看出,两种样品的 Zeta 电位都随着 pH 的增加而降低,UiO-66-NH_2 和 EDTA-UiO-66-NH_2/

CFC 的电荷零点（pHzpc）值分别为 4.3 和 3.7，说明 EDTA-UiO-66-NH_2/CFC 在 pH<3.7 时带正电。此外，考虑到 Cu（Ⅱ）和 Cd（Ⅱ）离子在 pH>6 时可以水解形成沉淀，我们想分别评价 pH 在 2～6 范围内对金属离子和在 2～10 范围内对重金属和染料去除效率的影响。如图 5-4（d）和图 5-4（e）所示，随着 pH 的增加，EDTA-UiO-66-NH_2/CFC 的去除率在 pH 为 2～4 和 2～5 的范围内，对重金属和染料的去除率分别迅速增加，随后缓慢增加，并在 pH 分别高于 5 和 8 时达到平台期。结果表明：当溶液 pH 低于 pHzpc 时，由于—OH、—COOH、—NH_2等官能团的质子化作用，EDTA-UiO-66-NH_2/CFC 表面带正电，相反带电离子之间的静电斥力阻碍了吸附剂对金属离子和染料的吸附，从而降低了去除效率。同时，在较低的 pH 下，带正电的污染物与溶液中大量的 H^+ 相互竞争，也会导致两种污染物的去除效率较低。当 pH 大于 3.7 时，氢阳离子的衰减减弱了与阳离子吸附物的静电斥力。此外，EDTA-UiO-66-NH_2/CFC 的表面电荷由正电荷变为负电荷，导致其表面与污染物发生静电相互作用，从而提高了金属离子和染料的去除效率。UiO-66-NH_2对重金属和染料的去除效果与 pH 相似。但对金属离子和染料的去除率明显低于 EDTA-UiO-66-NH_2/CFC。这有力地证明了 EDTAD 不仅在 EDTA-UiO-66-NH_2/CFC 的合成中起到交联剂的作用，而且在原位生成了丰富的污染物吸附位点。基于这些结果，在接下来的试验中，我们将金属离子溶液 pH 设为 5，有机染料溶液 pH 设为 8。

（4）初始浓度与吸附等温线的影响

研究初始污染物浓度对 EDTA-UiO-66-NH_2/CFC 吸附性能的影响。在初始浓度为 10～500mg/L 的重金属和 5～300mg/L 的染料条件下，在 pH=5 条件下使用 30mg 吸附剂，吸附时间 180min。如图 5-5（a）和图 5-5（b）所示，EDTA-UiO-66-NH_2/CFC 的吸附能力随着低浓度区初始污染物浓度的增加而急剧增加，这可能是由于初始阶段有更多的结合位点可用于吸附重金属和染料。随着初始污染物浓度的进一步增大，EDTA-UiO-66-NH_2/CFC 的吸附容量趋于平衡，达到最大值。这是因为当污染物浓度达到一定值时，吸附剂的所有吸附位点都被占据，从而达到吸附平衡。此外，由图 5-5（a）可以看出，EDTA-UiO-66-NH_2/CFC 对 Cd（Ⅱ）和 Cu（Ⅱ）的平衡吸附容量分别为 158.7mg/g 和 126.2mg/g。同时，从图 5-5（b）可以清楚地看出，染料在 EDTA-UiO-66-NH_2/CFC 上的吸附顺序为 MB>CV>SO，这可能与目标染料的分子量和结构有关。在以前的研究中也报道了类似的染料摄取观察结果。

为了预测最大吸附量并解释吸附过程中可行的吸收机制，采用 Langmuir、Freundlich 和 Sips 三种著名的等温线模型进行了吸附等温线研究。将试验数据拟合到这些模型中，结果如图 5-5（a）～（d）所示。Langmuir 模型和 Freundlich 模型分别代表均匀表面上的单层吸附和非均匀材料表面上的多层吸附。Sips 模型是 Freundlich 模型和 Langmuir 模型的混合模型，描述了非均相吸附。这三种模

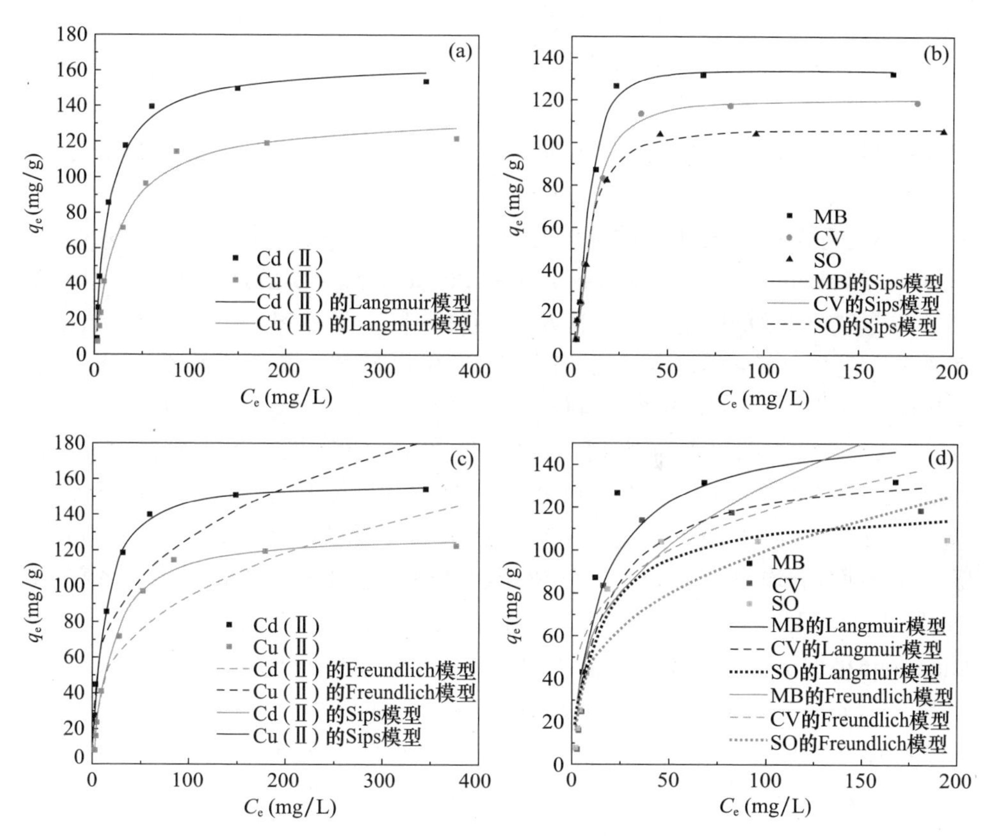

图 5-5　(a) ～ (d) EDTA-UiO-66-NH_2/CFC 对 Cd(Ⅱ)、Cu(Ⅱ)、MB、CV 和 SO 的拟合曲线（试验条件：重金属 pH 值为 5，染料 pH 值为 8，温度是 298K，吸附剂剂量为 30mg，时间为 180min）

型的详细说明如下。Langmuir 等温线模型描述了一种单层覆盖，其中吸附剂上的所有吸附位点都是相同的。Freundlich 等温线模型的建立是基于多层吸附和非均相吸附的假设。而 Sips 等温线模型是 Langmuir 和 Freundlich 等温线模型的结合，有望更好地描述非均质表面。三种模型描述如下：

Langmuir：

$$q_e = \frac{K_L q_m C_e}{1 + K_L C_e} \tag{5-3}$$

Freundlich：

$$q_e = K_F C_e^n \tag{5-4}$$

Sips：

$$q_e = \frac{q_m K_s C_e^{1/n_s}}{1 + K_s C_e^{1/n_s}} \tag{5-5}$$

式中，K_L（L/mg）为与吸附自由能和结合位点亲和力有关的 Langmuir 常数；C_e（mg/L）为 Gd（Ⅱ）的平衡浓度；q_m 和 q_e 为吸附剂的最大吸附容量和平衡吸附容量（mg/g）；K_F（$mg^{1-n}L^n/g$）和 n 为 Freundlich 常数，分别与吸附能力和吸附强度有关；K_S（$L/mg)^{1/m}$ 和 n_S 为 Sips 模型中与吸附能相关的常数和异质性因子，参数 m 可作为表征体系非均质性的参数。

与这些等温线模型相关的非线性拟合参数见表 5-1。对于 Cu（Ⅱ）和 Cd（Ⅱ）离子，Langmuir 等温线模型比 Freundlich 和 Sips 模型更适合描述 EDTA-UiO-66-NH_2/CFC 的吸附特性，其 R^2（相关系数）（0.9963 和 0.9933）值高于其他两个模型（Freundlich 模型为 0.8453 和 0.8306，Sips 模型为 0.9924 和 0.9916）。同时，Langmuir 模型［Cd（Ⅱ）的 q_e＝160.9mg/g，Cu（Ⅱ）的 q_e＝127.8mg/g］计算的吸收能力比 Sips 模型［Cd（Ⅱ）的 q_e＝158.7mg/g，Cu（Ⅱ）的 q_e＝126.2mg/g］的相应值更接近试验 q_e 值［Cd（Ⅱ）的 q_e＝155.8mg/g，Cu（Ⅱ）的 q_e＝124.6mg/g］。这些结果表明，EDTA 和 UiO-66-NH_2 等活性位点在吸附剂表面分布均匀，并以单分子层的形式出现，以吸附金属离子。与金属离子不同，EDTA-UiO-66-NH_2/CFC 对染料的吸收用 Sips 模型比 Freundlich 和 Langmuir 模型更恰当。Sips 模型对染料的 R^2 值（0.9969、0.9979 和 0.9970）均高于 Langmuir 模型（0.8914、0.9404 和 0.9378）和 Freundlich 模型（0.7136、0.9197 和 0.7705）。此外，基于 Sips 模型计算的 MB、CV 和 SO 的最大吸附容量 q_m 值分别为 132.1、119.1 和 105.1mg/g，与试验值（分别为 131.5、117.4 和 104.5mg/g）接近。结果证实了有机染料存在 EDTA 基团和 UiO-66-NH_2 等非均相吸附位点。此外，从 Sips 模型中获得的 n_S（异质性因子）值几乎一致，这意味着一种吸附位点（可能是 UiO-66-NH_2 晶体）对捕获染料的贡献大于另一种吸附位点（可能是 EDTA 基团）。有趣的是，金属离子的 K_L/K_S 值高于染料，这表明 EDTA-UiO-66-NH_2/CFC 对金属离子的亲和力高于染料，这可能是由于 EDTA 提供了更容易接近的吸附位点。

表 5-1　EDTA-UiO-66-NH_2/CFC 对 Cd（Ⅱ）、Cu（Ⅱ）、MB、CV 和 SO 的等温线参数

等温线	参数	评价				
		Cd（Ⅱ）	Cu（Ⅱ）	MB	CV	SO
Langmuir	q_m（mg/g）	160.9693	127.8440	159.4130	141.2983	121.0194
	K_L（L/g）	0.07051	0.07871	0.06594	0.06104	0.07866
	R^2	0.9963	0.9933	0.8914	0.9404	0.9378
Freundlich	K_F（$mg^{1-n}L^n/g$)）	32.8399	27.8818	25.6390	37.5096	33.8783
	n	0.2920	0.2810	0.3528	0.2499	0.3208
	R^2	0.8453	0.8306	0.7136	0.9197	0.7705

续表

等温线	参数	评价				
		Cd（Ⅱ）	Cu（Ⅱ）	MB	CV	SO
Sips	q_m (mg/g)	155.7838	124.5665	132.0685	119.1070	105.0942
	K_S (L/mg)	0.08126	0.09187	0.1056	0.09612	0.1171
	n_S	0.8311	0.8096	0.4054	0.5088	0.4832
	R^2	0.9924	0.9916	0.9969	0.9979	0.9970

接触时间与吸附动力学的影响。为了说明吸附效率，通过改变接触时间从 2～300min，分别评估了反应时间对 EDTA-UiO-66-NH$_2$/CFC 吸附污染物能力的影响，结果如图 5-6 所示。显然，EDTA-UiO-66-NH$_2$/CFC 对污染物的吸附能力在最初的 5～30min 内迅速增加。随着吸附时间的延长，吸附容量的增加趋势逐渐减缓。对重金属和染料的吸附时间分别为 90min 和 60min 时接近平稳，达到吸附平衡。在平衡状态下，对 Cd（Ⅱ）、Cu（Ⅱ）、MB、CV 和 SO 的吸收能力分别为 158.7、126.2、131.5、117.4 和 104.5mg/g。EDTA-UiO-66-NH$_2$/CFC 在初始阶段的快速吸附是由于其具有足够的吸附位点，可以快速吸附溶液中的污染物。后期缓慢的吸附速率可以解释为：随着吸附时间的延长，吸附位点逐渐被占据，直至达到平衡阶段。因此，为了保证足够长的吸附时间，选择接触时间 300min 进行研究。

为了研究 EDTA-UiO-66-NH$_2$/CFC 对金属离子和染料的吸附机理，确定其吸附速率控制步骤，采用准一阶（PFO）和准二阶（PSO）两种动力学模型对试验数据进行了评价。这两种动力学模型在下文中以线性形式描述。为了分析吸附过程，采用准一阶和准二阶动力学模型拟合试验动力学数据。两个模型的线性形式表示如下：

$$\lg(q_e - q_t) = \lg q_e - \frac{k_1}{2.303}t \tag{5-6}$$

$$\frac{t}{q_t} = \frac{1}{k_2 q_e^2} + \frac{t}{q_e} \tag{5-7}$$

式中，k_1 和 k_2 分别为吸附的准一阶常数（min^{-1}）和准二阶常数［g/（mg·min)］；q_t 和 q_e 分别表示 t（min）和平衡时间的吸附量（mg/g）。

金属离子和染料的 PFO（准一阶）和 PSO（准二阶）模型的非线性图，分别如图 5-6 所示，相关拟合参数见表 5-2。通过与 R^2 值的比较来评价两种动力学模型的有效性，PSO 模型的 R^2 值高于 PFO 模型。此外，PSO 模型［对于 Cd（Ⅱ）q_e=162.9mg/g，对于 Cu（Ⅱ）q_e=129.9mg/g］计算的吸附容量比 PFO 模型［对于 Cd（Ⅱ）q_e=141.3mg/g，对于 Cu（Ⅱ）q_e=114.4mg/g］计算的吸附容量更符合试验 q_e 值［对于 Cd（Ⅱ）q_e=158.7mg/g，对于 Cu（Ⅱ）q_e=126.2mg/g］，这也进一步证实了 EDTA 的吸附动力学 EDTA-UiO-66-NH$_2$/CFC

对重金属离子的吸附动力学最适合 PSO 模型。

在对染料的吸附中也发现了类似的结果，表明化学吸附是 EDTA-UiO-66-NH_2/CFC 对金属离子和染料吸附的限速步骤。此外，从表 5-2 可以清楚地看出，有机染料的 k_2（PSO 速率常数）高于金属，这可能是由于染料在 EDTA-UiO-66-NH_2/CFC 上比金属离子有更多的吸附活性位点。

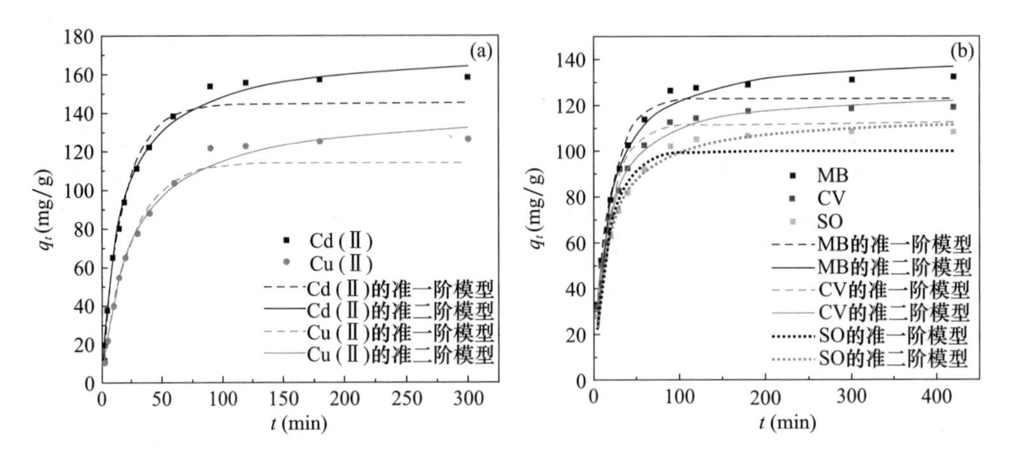

图 5-6　(a)(b) EDTA-UiO-66-NH_2/CFC 吸附 Cd（Ⅱ）、Cu（Ⅱ）、MB、CV 和 SO 的准一阶和准二阶动力学模型（试验条件：初始重金属离子和染料浓度分别为 100mg/L 和 50mg/L，重金属的 pH 为 5，染料的 pH 为 8，温度是 298K，吸附剂剂量为 30mg）

表 5-2　准一阶和准二阶模型的拟合参数

系统	准一阶模型			准二阶模型		
	q_e (mg/g)	k_1 (min^{-1})	R^2	q_e (mg/g)	k_2 [g/(mg·min)]	R^2
Cd（Ⅱ）	141.2605	0.05278	0.9804	162.9189	0.0003806	0.9926
Cu（Ⅱ）	114.4490	0.03382	0.9891	129.8701	0.0003193	0.9937
MB	121.9878	0.04982	0.9783	135.1351	0.0005454	0.9938
CV	110.3658	0.04976	0.9700	121.1564	0.0005265	0.9948
SO	99.4843	0.04962	0.9658	108.1552	0.0005118	0.9976

温度和热力学的影响：为了解其吸附驱动力和程度，分别在 288K、298K、308K 和 318K 4 个温度下，研究了 EDTA-UiO-66-NH_2/CFC 对 Cu（Ⅱ）和 MB 的吸附热力学行为，结果如图 5-7 所示。同时，相关热力学参数焓变（ΔH）、熵变（ΔS）、吉布斯自由能（ΔG）等热力学参数的计算公式如下，同时其计算值见表 5-3。

$$K_D=\frac{q_e}{C_e} \tag{5-8}$$

$$\Delta G=-RT\ln K_D \tag{5-9}$$

$$\ln K_D=\frac{\Delta S}{R}-\frac{\Delta H}{RT} \tag{5-10}$$

式中，K_D为分配系数；R 为气体常数［8.314J/（mol·K)］；T 为绝对温度（K）。

从图 5-7 和表 5-3 可以看出，EDTA-UiO-66-NH_2/CFC 对 Cu（Ⅱ）和 MB 的吸附能力随着温度的升高而增加，说明高温有利于吸附。另外，在所有研究温度下，ΔG 值对 Cu（Ⅱ）和 MB 都是负的，说明这两种污染物的吸附都是自发的。此外，EDTA-UiO-66-NH_2/CFC 对 Cu（Ⅱ）和 MB 的 ΔH 分别为 2.08kJ/mol 和 1.66kJ/mol，该正值表明 EDTA-UiO-66-NH_2/CFC 对 Cu（Ⅱ）和 MB 的吸附是吸热的，加热促进了吸附过程。此外，ΔS 阳性值证实了 EDTA-UiO-66-NH_2/CFC 对 Cu（Ⅱ）和 MB 摄取的随机性增加。

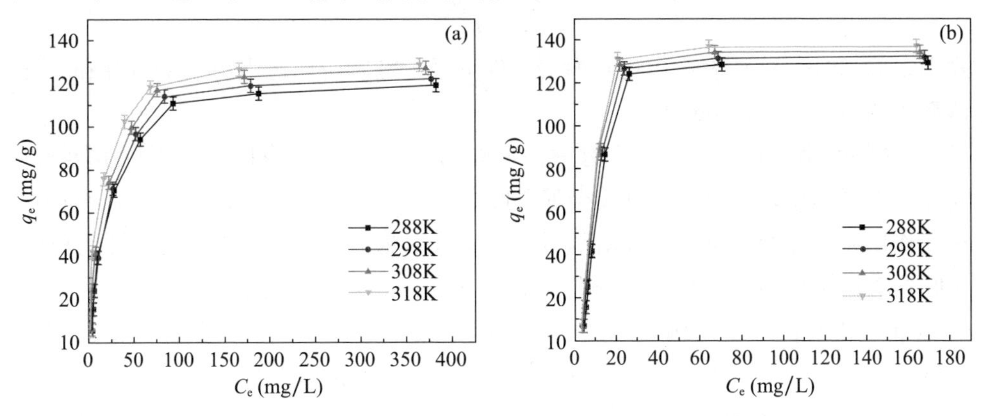

图 5-7　(a) EDTA-UiO-66-NH_2/CFC 对 Cu（Ⅱ）的吸附等温线；(b) EDTA-UiO-66-NH_2/CFC 对 MB 的吸附等温线

表 5-3　准一阶和准二阶模型的拟合参数

参数	T（K）	ΔG（kJ/mol）	ΔS［J/（mol·L)］	ΔH（kJ/mol）
Cu（Ⅱ）	288	−9.12058	38.8644	2.0759
	298	−9.49836		
	308	−9.89743		
	318	−10.2834		
MB	288	−15.0084	58.9664	1.6633
	298	−15.9061		
	308	−16.5026		
	318	−17.0859		

5.3.3　EDTA-UiO-66-NH_2/CFC 复合材料对重金属和染料二元体系同时吸附性能的分析

考虑到重金属和染料在污染废水中经常共存，因此研究吸附剂在重金属和有机染料二元体系中的吸附行为是非常必要的。本节以 Cu（Ⅱ)-SO、Cu（Ⅱ)-CV

和 Cu（Ⅱ)-MB 为例，研究了 EDTA-UiO-66-NH_2/CFC 在二元体系中同时吸附金属和染料的性能，结果如图 5-8 所示。从图中可以看出，在 Cu（Ⅱ)-染料二元体系中，随着 SO、CV 和 MB 浓度的增加，当共激发高浓度染料时，EDTA-UiO-66-NH_2/CFC 对 Cu（Ⅱ）的吸附量增加。然而，Cu（Ⅱ）的存在并没有改善 EDTA-UiO-66-NH_2/CFC 对 SO、CV 和 MB 的吸附。为了更好地解释上述现象，评价二元体系中 DTA-UiO-66-NH_2/CFC 对 Cu（Ⅱ）和染料的同时吸附效率，采用吸附容量比 R_q，表示为：

$$R_q = \frac{q_{b,i}}{q_{m,i}} \tag{5-11}$$

式中，$q_{m,i}$和 $q_{b,i}$分别表示在相同测试条件下吸附剂对所选污染物在单组分和二元体系中的吸收能力，mg/g。

根据 R_q 值，在二元系统中有三种可能的情况。当 $R_q>1$ 时，被测污染物之间存在协同作用，共存的污染物会促进吸附剂对 i 的吸附；当 $R_q=1$ 时，不存在相互作用，共存的污染物对吸附剂吸收 i 没有影响；如果 $R_q<1$，则被测污染物之间存在拮抗作用，共存的污染物会抑制 i 在吸附剂上的吸附。R_q 值作为初始 Cu（Ⅱ）和染料浓度的函数如图 5-8 所示。从图中可以看出，在较低 Cu（Ⅱ）浓度下（10 和 20mg/L），染料的 R_q 值几乎等于 1，说明低浓度 Cu（Ⅱ）的存在对染料的吸附影响不大。这可能是由于被吸附的 Cu（Ⅱ）在 EDTA-UiO-66-NH_2/CFC 上被 O 和 N 官能团包围，较小尺寸的 Cu（Ⅱ）不能为较大的染料分子提供强螯合或额外的活性位点。然而，当初始 Cu（Ⅱ）浓度达到 300mg/L 时，MB、CV 和 SO 的 R_q 值分别降至 0.5987、0.5882 和 0.6286，表明 Cu（Ⅱ）的存在削弱了二元体系中高初始染料浓度（200mg/L）下染料对染料的吸收，这可能是由于金属离子和染料对可用吸附位点的竞争。此外，在较低的染料浓度（5 和10m/L）下，Cu（Ⅱ）的 R_q 值略有降低，说明低浓度染料的存在对 Cu（Ⅱ）的吸附有微弱的负面影响。相反，当染料浓度增加到 200mg/L 时，Cu（Ⅱ）-MB、Cu（Ⅱ）-CV 和 Cu（Ⅱ）-SO 体系中 Cu（Ⅱ）的 R_q 值分别增加到 1.1286、1.0968 和 1.1816，表明染料浓度越高越有利于二元体系中 Cu（Ⅱ）的吸收。

为了更详细地检验这些结果，记录了单组分系统中的 Cu（Ⅱ）吸收能力，并与二元系统进行了比较。由图 5-8（a）可知，初始浓度为 300mg/L 时，Cu（Ⅱ）的吸附量为 126.2mg/g。在 Cu（Ⅱ）-MB、Cu（Ⅱ）-CV 和 Cu（Ⅱ）-SO 二元体系中，分别显著增加到 142.4mg/g、138.4mg/g 和 149.1mg/g。结果表明，EDTA-UiO-66-NH_2/CFC 对 Cu（Ⅱ）和染料的吸附存在显著的协同效应。根据等温线结果可以解释这一现象，Cu（Ⅱ）（EDTA 和氨基）和染料（EDTA、氨基和 UiO-66-NH_2）有特定的不同的吸附位点。此外，EDTA-UiO-66-NH_2/CFC 表面吸附的染料赋予其额外的含氮基团，为 Cu（Ⅱ）创造了一些新的吸附位点。此外，值得注意的是，在三种被测染料中，SO 对 Cu（Ⅱ）的吸收具有最高的协同效应。上述现象可能是由于染料中含有不同数量的含氮官能团所致。对于 MB 和 CV 分子，它们含有三个含氮官能团，可用于金属配位。SO 的含氮官能团最多（4 个），因此协同效应最大。某些文献中也报道了这些含氮官能团与重金属离子相互作用的类似研究结果。

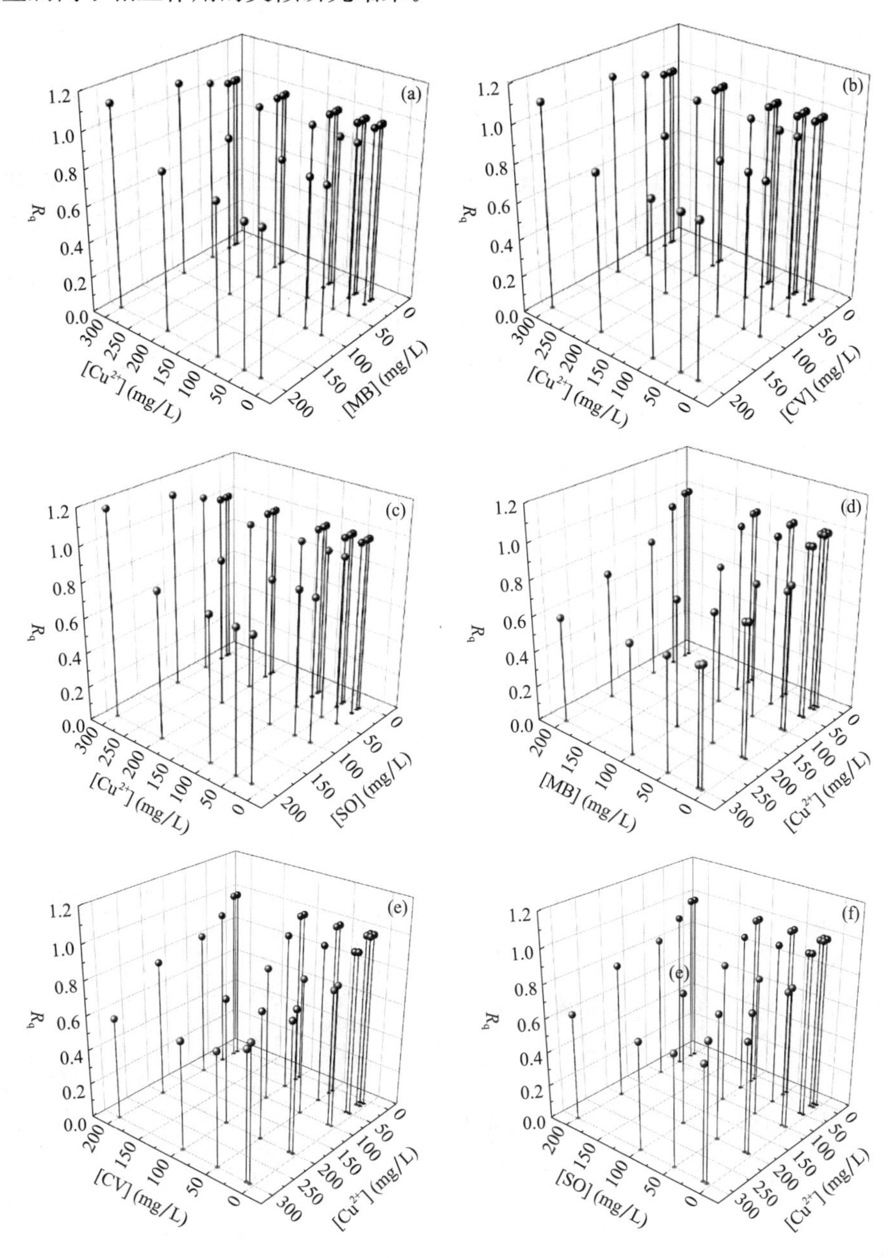

图 5-8　EDTA-UiO-66-NH$_2$/CFC 同时去除二元体系中无机［Cu（Ⅱ）］和有机（MB、CV 和 SO）污染物的吸附容量比（R_q）

5.3.4 对 EDTA-UiO-66-NH_2/CFC 在实际废水中吸附性能的分析

为了评价 EDTA-UiO-66-NH_2/CFC 在实际废水中同时去除 Cu（Ⅱ）、Cd（Ⅱ）、Pb（Ⅱ）、Hg（Ⅱ）、Ni（Ⅱ）等多种重金属离子和一种染料（MB）的应用潜力，收集了荆州一家纺织厂的真实废水，并在表 5-4 中展示了真实废水的各种理化性质和主要成分。需要注意的是，模拟废水中分别加入上述金属各 10mg/L 和 MB 100mg/L，并在吸附前用 0.1mol/L HCl 将 pH 从原来的 6.5 调整为 5。图 5-9 为 EDTA-UiO-66-NH_2/CFC 对五种重金属和 MB 的去除效率。很明显，EDTA-UiO-66-NH_2/CFC 对重金属离子的去除效率高于染料，这是由于 EDTA-UiO-66-NH_2/CFC 上有更多的活性位点可用于金属离子而不是染料。此外，结果还表明，随着吸附剂用量的增加，对重金属和染料的去除率提高。当吸附剂投加量为 10mg 时，EDTA-UiO-66-NH_2/CFC 对重金属的去除率可达 85.6%以上，对 MB 的去除率仅为 56.2%。当吸附剂投加量增加至 30mg 时，对重金属离子的去除率可达 95.8%以上，对 MB 的去除率可达 86.7%以上。

表 5-4　荆州污水的组成

指标	含量（mg/L）
碱度	1420
DO	4.6
tCOD	142
TP	5.87
sCOD	31
TSS	121
TKN	39
TAN	16.5

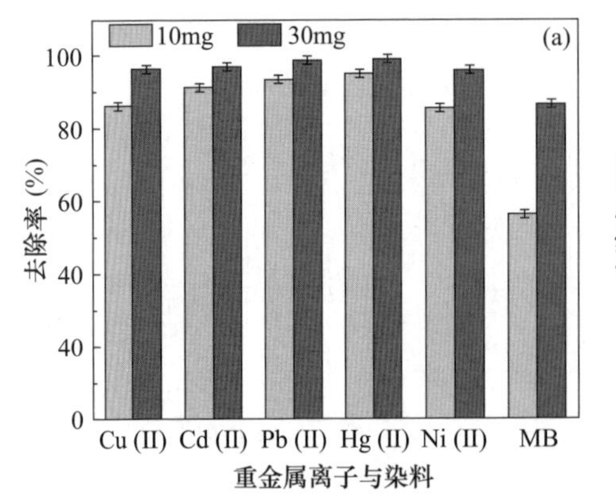

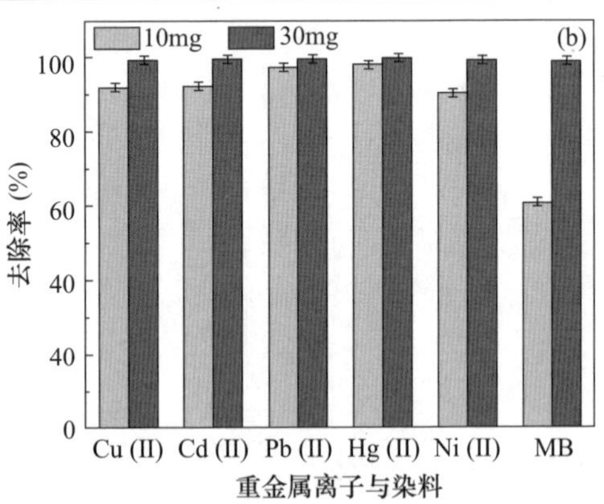

图 5-9　(a) 重金属离子和染料（MB）在实际废水和（b）水溶液中的吸附效果

然而，与水溶液相比，实际废水中金属离子和染料的去除率都较低，这可能是由于实际废水中存在化学和生物介质（溶解的有机氮）。虽然 EDTA-UiO-66-NH_2/CFC 在实际废水中的去除率略有下降，但上述试验结果清楚地表明，它在同时去除实际纺织废水中的重金属和染料方面具有巨大的成功应用潜力。

5.3.5　对 EDTA-UiO-66-NH_2/CFC 吸附机理的分析

利用 XPS 光谱分析了 EDTA-UiO-66-NH_2/CFC 对污染物的去除机理，图 5-10（a）为 EDTA-UiO-66-NH_2/CFC 共吸附 Cu（Ⅱ）和 MB 前后的宽扫描 XPS 光谱。在 181.1eV、287.1eV、333.1eV、347.2eV、401.3eV 和 533.6eV 下，两个样品的峰分别对应于 Zr-3d、C-1s、Zr-3p3、Zr-3p1、N-1s 和 O-1s。对于吸附后的样品，在 164.1eV、933.6eV 和 953.5eV 处新出现的峰，属于 S-2p、Cu-2p3 和 Cu-2p1，证实了 EDTA-UiO-66-NH_2/CFC 对 Cu（Ⅱ）和 MB 的成功吸附。此外，记录了 EDTA-UiO-66-NH_2/CFC 吸附 Cu（Ⅱ）前后的 N-1s 和 O-1s的高分辨率 XPS 光谱，分析了这些元素的成键类型，以及详细的吸附机理。如图 5-10（b）～图 5-10（e）所示，EDTA-UiO-66-NH_2/CFC 的 N-1s XPS 谱分为三个峰，结合能分别为 399.98eV、401.17eV 和 402.54eV，分别属于 C—N、—NH_2 和O═C—NH 三种物质。在吸附 Cu（Ⅱ）后，—NH_2和 O═C—NH 基团分别移至 400.97eV 和 402.19eV 的较低值，表明这些基团在 Cu（Ⅱ）的吸附中起重要作用。同时 EDTA-UiO-66-NH_2/CFC 的 O 1s 谱可划分为三个结合能分别为 533.47eV、532.61eV 和 531.61eV 的峰，分别归属于 C—O—C、C—OH 和 O═C—OH 基团。在吸附 Cu（Ⅱ）后，C—OH 和 O═C—OH 的位移分别为 0.49eV 和 0.54eV，证实了羧基和羟基参与了 Cu（Ⅱ）的吸附过程。

为了进一步研究污染物在 EDTA-UiO-66-NH_2/CFC 上的吸附机理，吸附剂吸附 Cu（Ⅱ）、MB 和 Cu（Ⅱ）＋MB 前后的 FT-IR 光谱如图 5-10（f）所示。吸附 Cu（Ⅱ）后，—OH 和—NH_2基团的伸缩振动从 3481cm^{-1}和 1622cm^{-1}位移到 3450cm^{-1}和 1609cm^{-1}，证实了这些基团参与了 Cu（Ⅱ）在 EDTA-UiO-66-NH_2/CFC 上的吸收。此外，羧基中的 C═O 振动带从 1756cm^{-1}到 1740cm^{-1}发生了轻微的位移，表明 Cu（Ⅱ）与羧基的螯合作用在 Cu（Ⅱ）的吸附过程中起着重要作用。在 MB 吸附后的 FT-IR 光谱中，3481cm^{-1}处的羟基或胺拉伸振动峰变宽并向 3458cm^{-1} 移动，1744cm^{-1} 处属于 EDTA-UiO-66-NH_2/CFC 中的 C═O 拉伸振动带变弱，证实了 EDTA-UiO-66-NH_2/CFC 与 MB 之间存在氢键相互作用。同时，在捕获 MB 后，观察到芳香环的振动峰降低，并移至 1575cm^{-1}，说明 π=π 堆叠相互作用也参与了 EDTA-UiO-66-NH_2/CFC 对 MB 的吸收。因此，这种多重交互确保了卓越的 MB 摄取性能。在 Cu（Ⅱ）和 MB 同时吸附的情况下，1756cm^{-1}处的羧基峰减弱并移至 1741cm^{-1}，这可能是由于

EDTA 中羧酸基分别与 Cu（Ⅱ）和 MB 之间的螯合和氢键相互作用所致。

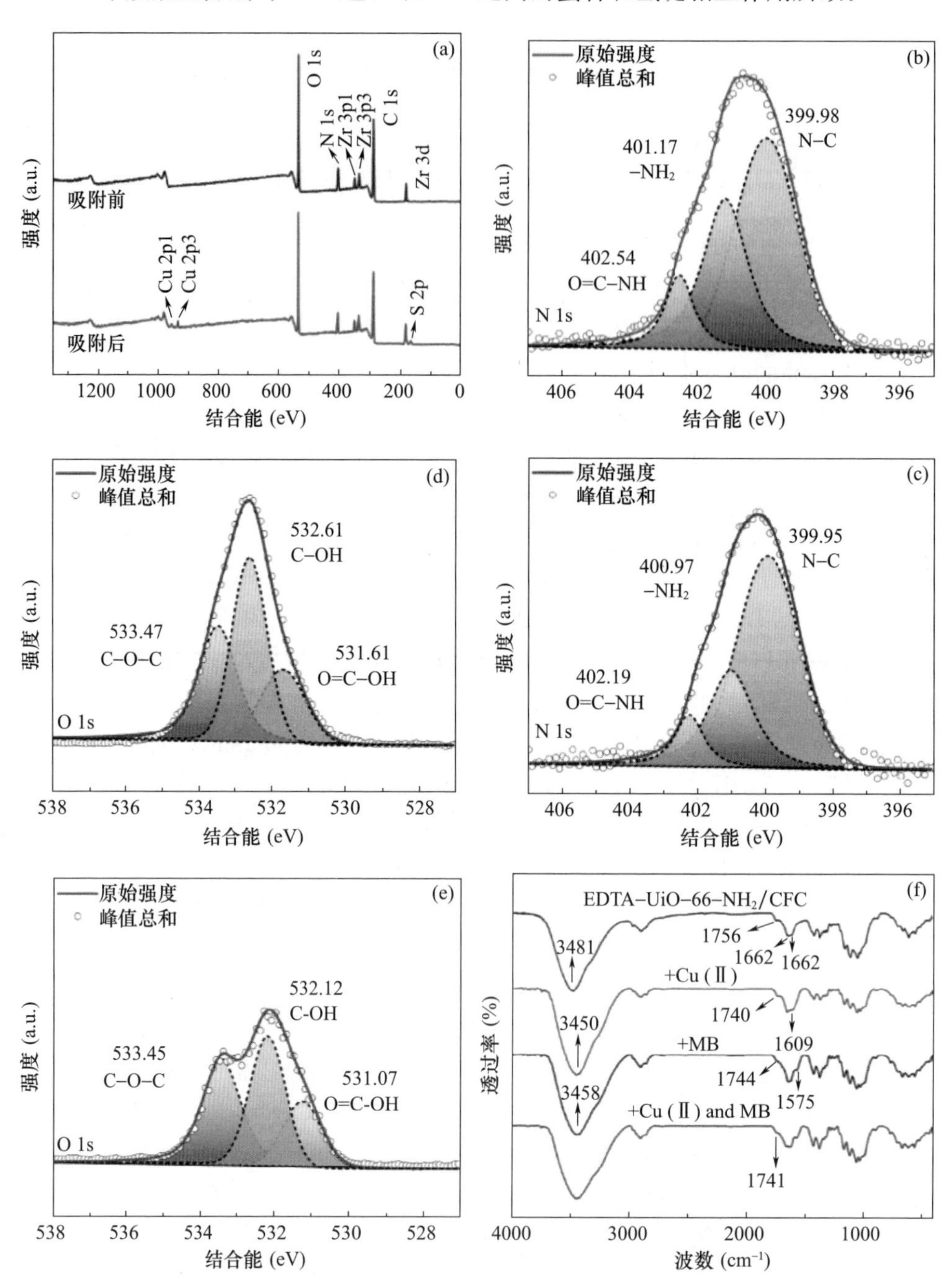

图 5-10　(a) 捕获 Cu（Ⅱ）前后 EDTA-UiO-66-NH_2/CFC 的 XPS 宽扫描图；(b)(c) N-1s 的高分辨率 XPS 光谱；(d)(e) 吸附 Cu（Ⅱ）前后 EDTA-UiO-66-NH_2/CFC 的 O 1s；(f) EDTA-UiO-66-NH_2/CFC 吸附 Cu（Ⅱ）、MB 和 Cu（Ⅱ）+ MB 前后的 FT-IR 光谱

基于上述结果和讨论，提出了 EDTA-UiO-66-NH_2/CFC 同时去除 Cu（Ⅱ）和 MB 的可能机理，并描述如下：如图 5-11 所示，在较低的 pH（小于 pHzpc）下，EDTA-UiO-66-NH_2/CFC 上的质子化官能团使吸附剂表面带正电。因此，Cu（Ⅱ）的摄取主要通过螯合作用。另外，通过 EDTA-UiO-66-NH_2/CFC 与 MB 芳香环之间的 π═π 堆叠相互作用以及 EDTA-UiO-66-NH_2/CFC 与 MB 之间的分子间氢键相互作用捕获 MB。然而，在较高的 pH 下，除了螯合作用外，带负电荷的 EDTA-UiO-66-NH_2/CFC 与阳离子污染物［Cu（Ⅱ）和 MB］之间还存在静电相互作用，这是由于吸附剂中表面官能团的去质子化。另外，EDTA-UiO-66-NH_2/CFC 具有优异的吸附能力是由于吸附剂的各个部分在吸附过程中都起着关键作用。例如，EDTAD 不仅可以作为交联剂，还可以作为捕获重金属的优良络合剂。同时，EDTAD 与 MCF 和 UiO-66-NH_2通过分子间交联反应生成两个羧基，并提供一些额外的结合位点。此外，EDTA-UiO-66-NH_2/CFC 中的 UiO-66-NH_2组分也通过多种相互作用机制对污染物的吸附做出了重要贡献。简而言之，EDTA-UiO-66-NH_2/CFC 的所有部分主要通过络合反应、π═π 堆叠、氢键和静电相互作用对重金属和染料的吸收起关键作用。

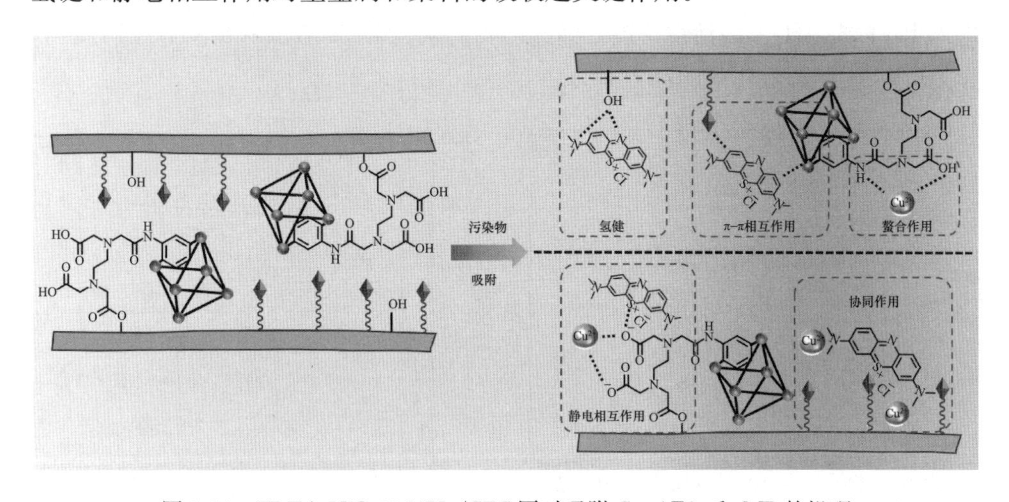

图 5-11　EDTA-UiO-66-NH_2/CFC 同时吸附 Cu（Ⅱ）和 MB 的机理

4-硝基苯基磷酸二甲基的降解：近年来，利用 Zr-基础的 MOFs 作为 CWAs 降解催化剂取得了巨大进展。然而，Zr 基 MOF/织物复合材料的合成方法及催化降解 CWAs 的效果研究较少。因此，研究我们制备的 MOF 织物 EDTA-UiO-66-NH_2/CFC 是否有潜力作为 CWAs 降解反应的高效催化剂具有重要意义。考虑到 CWAs 的高毒性，我们选择神经毒剂模拟物，二甲基-4-硝基苯基磷酸二甲酯（DMNP）的降解作为模型反应来测试 EDTA-UiO-66-NH_2/CFC 的催化活性。此外，试验是根据先前报道的方法进行的，详细内容在下文中给出。特别地，首先将 10mg 的样品分散到 0.45mol/L 的 N-乙基吗啉水溶液（100mL）中，将上述溶液 420μL 加入 4mL 小瓶中，再加入 80μL DMNP（10mg/L），持续搅拌。为了监测 DMNP 的降解过程，每隔一段时间收集 20μL 的等分物，用 10mL N-乙基吗啉缓冲液（0.45mol/L）稀释，用紫外可见光谱法测定，基于 402nm 吸光度，采用朗伯-比尔定律测定 4-硝基苯酚（DMNP 的降解产物）的浓度。DMNP 的转化率由 4-硝基苯酚与初始 DMNP 的浓度比计算得到。准一阶速率常数 k 是由转换百分比的自然对数作为时间的函数得到的。半衰期（$t_{1/2}$，50%转化率）由 $t_{1/2}=1/k$ 计算。为了比较，我们还研究了 UiO-66-NH_2的降解性能。

从图 5-12（a）和与催化剂接触时间的前 3min 内，在 266nm 处的吸收峰明显下降，这可能是由于 DMNP 吸附在 EDTA-UiO-66-NH_2/CFC 上。同时，在 403nm 处对应的 4-硝基酚峰变强，说明 EDTA-UiO-66-NH_2/CFC 具有降解 DMNP 的能力。此外，DMNP 与 UiO-66-NH_2和 EDTA-UiO-66-NH_2/CFC 的水解曲线如图 5-12（b）所示。由此可见，EDTA-UiO-66-NH_2/CFC 对 DMNP 的降解性能更好，半衰期为 9.2min，而相同条件下 UiO-66-NH_2的半衰期为 15.9min。这种行为可能是由于 EDTA 对 DMNP 有很强的键合能力，使 DMNP 分子很容易进入 UiO-66-NH_2上的活性位点。因此，我们认为 EDTAUiO-66-NH_2/CFC 具有作为 CWAs 降解催化剂的巨大潜力。

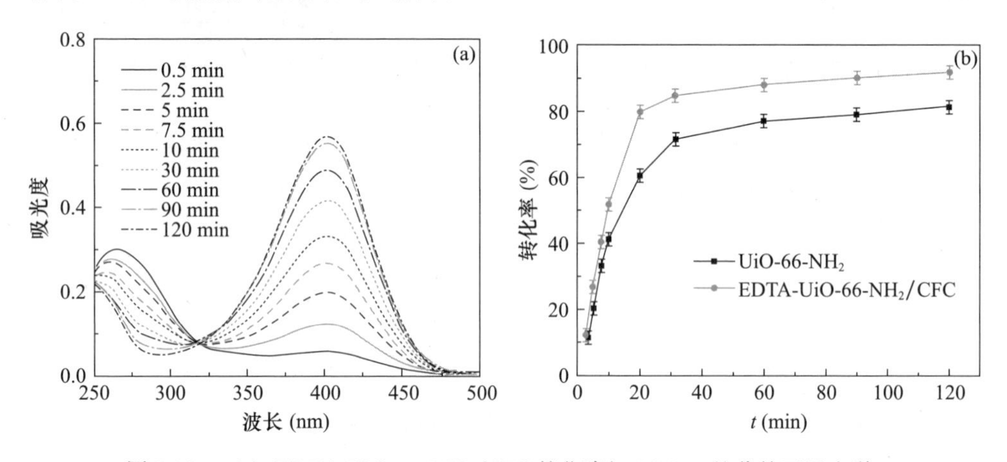

图 5-12　（a）EDTA-UiO-66-NH_2/CFC 催化降解 DMNP 的紫外可见光谱；（b）EDTA-UiO-66-NH_2/CFC 和 UiO-66-NH_2催化水解 DMNP 的转化率与反应时间的关系

5.3.6　对 EDTA-UiO-66-NH_2/CFC 复合材料再生和可重复利用性的分析

吸附剂或催化剂的可重复使用性和稳定性是评价其实际应用和经济效益的关键参数，因此以 Cu（Ⅱ）和 MB 为模型污染物，评价污染物负载 EDTA-UiO-

66-NH_2/CFC 的再生和可重用性。如图 5-13（a）和图 5-13（b）中，以 0.1mol/L HCl 和 5% HCl（体积比）乙醇为洗脱剂，吸附的 Cu（Ⅱ）和 MB 分子可有效吸附 EDTA-UiO-66-NH_2/CFC。对两种污染物的解吸效率均大于 99%。同时，在连续五次吸附-解吸循环后，Cu（Ⅱ）和 MB 的解吸效率仍保持在 92.2%和 91.3%以上。另外，EDTA-UiO-66-NH_2/CFC 对 Cu（Ⅱ）和 MB 的吸附量均有可忽略的降低，表明 EDTA-UiO-66-NH_2/CFC 吸附剂具有良好的再生和可重复使用性。此外，EDTA-UiO-66-NH_2/CFC 催化剂也通过在缓冲液和乙醇中 50℃反复浸泡 12h，烘箱里干燥，以便在下一个循环使用过程中进行再生和再利用。由图 5-13（c）可知，该催化剂可以连续 4 次催化降解循环再生并重复使用，其再生效率和催化活性没有明显损失。为了进一步评价 EDTA-UiO-66-NH_2/CFC 的稳定性，在第 5 次吸附-解吸和催化降解循环后，记录了 EDTA-UiO-66-NH_2/CFC 的 XRD 谱图和 FT-IR 光谱。

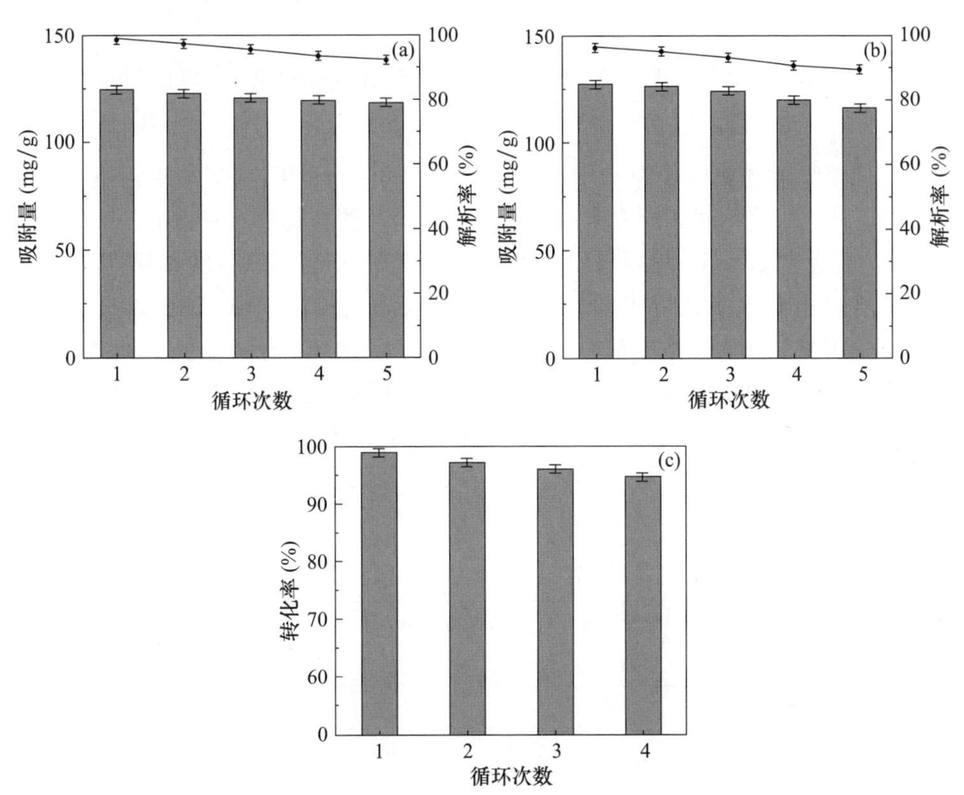

图 5-13 (a) EDTA-UiO-66-NH_2/CFC 循环利用对 Cu（Ⅱ）吸收的影响；
(b) EDTA-UiO-66-NH_2/CFC 循环利用对甲基溴吸收的影响；
(c) DMNP 与 EDTA-UiO-66-NH_2/CFC 催化反应 4 个循环的转化率

从图 5-14（a）和图 5-14（b）可以看出，材料在第 5 次循环前后的形状和能带位置几乎没有变化，说明 EDTA-UiO-66-NH_2/CFC 具有较高的稳定性。从这个意义上说，EDTA-UiO-66-NH_2/CFC 具有良好的再生和再利用性能，具有很大的潜力，可以确保在不同领域的可持续应用。

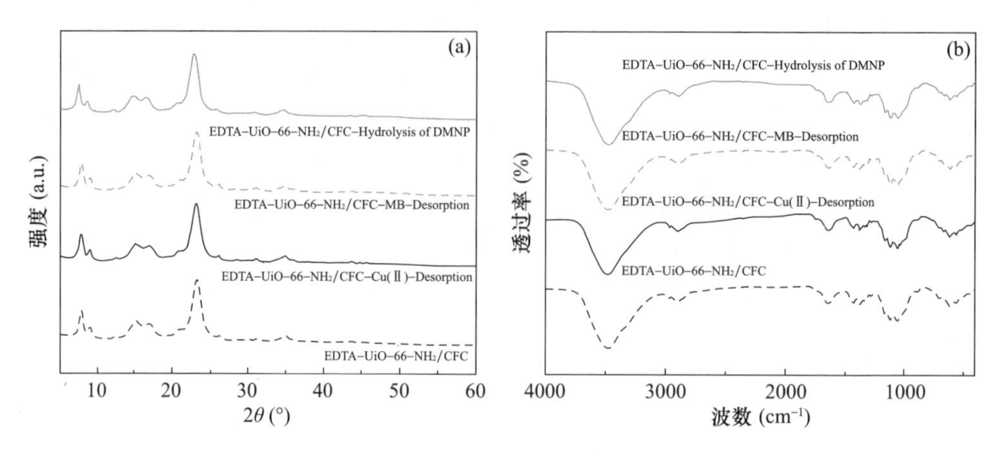

图 5-14　原始 EDTA-UiO-66-NH_2/CFC 和回收用 EDTA-UiO-66-NH_2/CFC 的 XRD 和 FT-IR 光谱

与其他吸附剂比较：为了评价 EDTA-UiO-66-NH_2/CFC 对多种污染物的去除效率，将本吸附剂对不同重金属和染料的吸附性能与其他已有报道的吸附剂进行比较，结果见表 5-5。可以看出，EDTA-UiO-66-NH_2/CFC 吸附剂的吸收率明显高于所引用的大多数吸附剂。与 MOF-基吸附剂相比，EDTA-UiO-66-NH_2/CFC 在单组分和二元体系中都能有效去除染料和重金属离子，表明 EDTAD 功能化的关键作用。EDTA-UiO-66-NH_2/CFC 对 4-硝基苯基磷酸二甲酯的降解也表现出优异的催化性能。同时得益于棉织物载体，EDTA-UiO-66-NH_2/CFC 具有易于回收的明显优势。该材料具有良好的吸附能力和催化活性，易于制备和回收，在各个科学领域都有很大的潜力和前景。

表 5-5　不同吸附剂去除水中重金属和染料的比较

吸附剂	污染物	q_m（mg/g）	降解能力
CA-CHI-CF	Hg^{2+}	69.74	无
	MB	40.58	
	CV	50.15	
NTA-β-CD-CS	Hg^{2+}	178.30	无
	MB	162.60	
	CV	84.75	
EDTA-交联-β-环糊精	Cd^{2+}	124.326	无
	MB	83.800	

续表

吸附剂	污染物	q_m（mg/g）	降解能力
EDTA-交联-β-环糊精	CV	114.231	无
	SO	59.293	
磁性氧化石墨烯	Cd^{2+}	91.29	无
	MB	64.23	
硫醇化改性壳聚糖	Cd^{2+}	38.15	无
	MB	51.62	
	SO	182.71	
UiO-66-NH$_2$	MB	29	无
	MO	79.4	
Fe_3O_4@MIL-100（Fe）	MB	74	无
EDTA-UiO-66-NH$_2$/CFC	Cd^{2+}	158.7	有
	Cu^{2+}	126.2	
	MB	131.5	
	CV	117.4	
	SO	104.5	

5.4　本章小结

综上所述，笔者团队开发了一种简单而通用的策略来制备 EDTA-UiO-66-NH$_2$/CFC，所制备的 EDTA-UiO-66-NH$_2$/CFC 具有独特的结构优势和大量原位形成的活性位点，可用于同时去除重金属离子和染料。EDTA-UiO-66-NH$_2$/CFC 对 Cd（Ⅱ）、Cu（Ⅱ）、MB、CV 和 SO 的最大吸附量分别为 158.7、126.2、131.5、117.4 和 104.5mg/g。此外，Langmuir 模型和 Sips 模型分别很好地描述了金属离子和染料的吸附等温线。同时，污染物的吸附动力学符合 PSO 模型，更有趣的是，在金属染料二元体系中，Cu（Ⅱ）的存在并没有改善 EDTA-UiO-66-NH$_2$/CFC 对染料的吸附。另外，随着染料浓度的增加，EDTA-UiO-66-NH$_2$/CFC 对 Cu（Ⅱ）的吸附量增加，证实了 EDTA-UiO-66-NH$_2$/CFC 对金属离子和染料存在协同吸附行为。此外，对吸附机理的研究表明，EDTA-UiO-66-NH$_2$/CFC 的各部分通过多种机制在重金属和染料的吸附中发挥关键作用。同时 EDTA-UiO-66-NH$_2$/CFC 具有优异的催化活性和 9.2min 的半衰期，能够降解 DMNP，拓展了 MOFs/CFCs 的应用领域。考虑到 EDTA-UiO-66-NH$_2$/CFC 优越的综合性能，本工作为制备高性能 MOF-基材料修复多污染物，特别是同时去除工业污水中的金属离子和染料开辟了新的前景。

参考文献

[1] DENG J H, ZHANG X R, ZENG G M, et al. Simultaneous removal of Cd (Ⅱ) and ionic dyes from aqueous solution using magnetic graphene oxide nanocomposite as an adsorbent [J]. Chem Eng J, 2013, 226: 189-200.

[2] KHAN F S A, MUBARAK N M, TAN Y H, et al. A comprehensive review on magnetic carbon nanotubes and carbon nanotube-based buckypaper for removal of heavy metals and dyes [J]. J Hazard Mater, 2021, 413: 125375.

[3] LI X, WANG B, CAO Y, et al. Water contaminant elimination based on metal-organic frameworks and perspective on their industrial applications [J]. ACS Sustain Chem Eng, 2019, 7 (5): 4548-4563.

[4] YOU D, SHI H, XI Y, et al. Simultaneous heavy metals removal via in situ construction of multivariate metal-organic gels in actual wastewater and the reutilization for Sb (Ⅴ) capture [J]. Chem Eng J, 2020, 400: 125359.

[5] NASROLLAHZADEH M, SAJJADI M, IRAVANI S, et al. Starch, cellulose, pectin, gum, alginate, chitin and chitosan derived (nano) materials for sustainable water treatment: a review [J]. Carbohydr Polym, 2021, 251: 116986.

[6] CHEN B, ZHAO H, CHEN S, et al. A magnetically recyclable chitosan composite adsorbent functionalized with EDTA for simultaneous capture of anionic dye and heavy metals in complex wastewater [J]. Chem Eng J, 2019, 356: 69-80.

[7] HUANG L, HE M, CHEN B, et al. Magnetic Zr-MOFs nanocomposites for rapid removal of heavy metal ions and dyes from water [J]. Chemosphere, 2018, 199: 435-444.

[8] YANG X, LIU H. Ferrocene-functionalized silsesquioxane-based porous polymer for efficient removal of dyes and heavy metal ions [J]. Chem Eur J, 2018, 24 (51): 13504-13511.

[9] PETTINARI C, MARCHETTI F, MOSCA N, et al. Application of metal-organic frameworks [J]. Polym Int, 2017, 66 (6): 731-744.

[10] CHEN Q, HE Q, LV M, et al. Selective adsorption of cationic dyes by UiO-66-NH_2 [J]. Appl Surf Sci, 2015, 327: 77-85.

[11] WANG H, WANG S, WANG S, et al. Adenosine-functionalized UiO-66-NH_2 to efficiently remove Pb (Ⅱ) and Cr (Ⅵ) from aqueous solution: thermodynamics, kinetics and isothermal adsorption [J]. J Hazard Mater, 2022, 425: 127771.

[12] WANG H, ZHAO S, LIU Y, et al. Membrane adsorbers with ultrahigh metal-organic framework loading for high flux separations [J]. Nat Commun, 2019, 10 (1): 1-9.

[13] WANG N, LIU T, SHEN H, et al. Ceramic tubular MOF hybrid membrane fabricated through in situ layer-by-layer self-assembly for nanofiltration [J]. AIChE J, 2016, 62 (2): 538-546.

[14] HASAN C K, GHIASVAND A, LEWIS T W, et al. Recent advances in stir-bar sorptive extraction: coatings, technical improvements, and applications [J]. Anal Chim Acta, 2020, 1139:222-240.

[15] BUNGE M A, DAVIS A B, WEST K N, et al. Synthesis and characterization of UiO-66-NH$_2$ metal-organic framework cotton composite textiles [J]. Ind Eng Chem Res, 2018, 57 (28):9151-9161.

[16] LIU M, DENG N, JU J, et al. A review: electrospun nanofiber materials for lithium-sulfur batteries [J]. Adv Funct Mater, 2019, 29 (49):1905467.

[17] DENG J, LIU Y, LIU S, et al. Competitive adsorption of Pb (Ⅱ), Cd (Ⅱ) and Cu (Ⅱ) onto chitosan-pyromellitic dianhydride modified biochar [J]. J Colloid Interface Sci, 2017, 506:355-364.

[18] WANG C, XIONG C, HE Y, et al. Facile preparation of magnetic Zr-MOF for adsorption of Pb (Ⅱ) and Cr (Ⅵ) from water: adsorption characteristics and mechanisms [J]. Chem Eng J, 2021, 415:128923.

[19] PENG Y, HUANG H, ZHANG Y, et al. A versatile MOF-based trap for heavy metal ion capture and dispersion [J]. Nat Commun, 2018, 9 (1):1-9.

[20] USMAN M, AHMED A, YU B, et al. Simultaneous adsorption of heavy metals and organic dyes by β-Cyclodextrin-Chitosan based cross-linked adsorbent [J]. Carbohydr Polym, 2021, 255:117486.

[21] ZHOU Y, LU J, ZHOU Y, et al. Recent advances for dyes removal using novel adsorbents: a review [J]. Environ Pollut, 2019, 252:352-365.

[22] ZHANG K, DAI Z, ZHANG W, et al. EDTA-based adsorbents for the removal of metal ions in wastewater [J]. Coord Chem Rev, 2021, 434:213809.

[23] YE D, MONTAN'E D, FARRIOL X. Preparation and characterisation of methylcelluloses from Miscanthus sinensis [J]. Carbohydr Polym, 2005, 62 (3):258-266.

[24] HU S Z, HUANG T, ZHANG N, et al. Chitosan-assisted MOFs dispersion via covalent bonding interaction toward highly efficient removal of heavy metal ions from wastewater [J]. Carbohydr Polym, 2022, 277:118809.

[25] YAO A, JIAO X, CHEN D, et al. Photothermally enhanced detoxification of chemical warfare agent simulants using bioinspired core-shell dopamine-melanin@ metal-organic frameworks and their fabrics [J]. ACS Appl Mater Interfaces, 2019, 11 (8): 7927-7935.

[26] ZOU Y H, HUANG Y B, SI D H, et al. Porous metal-organic framework liquids for enhanced CO_2 adsorption and catalytic conversion [J]. Angew Chem, 2021, 133 (38): 21083-21088.

[27] YU J, TONG M, SUN X, et al. Enhanced and selective adsorption of Pb^{2+} and Cu^{2+} by EDTAD-modified biomass of baker's yeast [J]. Bioresour Technol, 2008, 99 (7): 2588-2593.

[28] YANG Y, YAO H F, XI F G, et al. Amino-functionalized Zr (Ⅳ) metal-organic framework as bifunctional acid-base catalyst for Knoevenagel condensation [J] . J Mol Catal Chem, 2014, 390:198-205.

[29] GAO Y, ZHOU R, YAO L, et al. Synthesis of rice husk-based ion-imprinted polymer for selective capturing Cu (Ⅱ) from aqueous solution and re-use of its waste material in Glaser coupling reaction [J] . J Hazard Mater, 2022, 424:127203.

[30] YUN Y J, LEE H J, SON T H, et al. Mercerization to enhance flexibility and electromechanical stability of reduced graphene oxide cotton yarns [J] . Compos Sci Technol, 2019, 184:107845.

[31] YIN W, ZHAN X, FANG P, et al. A facile one-pot strategy to functionalize graphene oxide with poly (amino-phosphonic acid) derived from wasted acrylic fibers for effective Gd (Ⅲ) capture [J] . ACS Sustain Chem Eng, 2019, 7 (24):19857-19869.

[32] ZHANG G, FAN , ZHOU R, et al. Decorating UiO-66-NH_2 crystals on recyclable fiber bearing polyamine and amidoxime bifunctional groups via cross-linking method with good stability for highly efficient capture of U (Ⅵ) from aqueous solution [J] . J Hazard Mater, 2022, 424:127273.

[33] TIAN Y, LIU L, MA F, et al. Synthesis of phosphorylated hyper-cross-linked polymers and their efficient uranium adsorption in water [J] . J Hazard Mater, 2021, 419:126538.

[34] ALJEBOREE A M, ALSHIRIFI A N, ALKAIM A F. Kinetics and equilibrium study for the adsorption of textile dyes on coconut shell activated carbon [J] . Arab J Chem, 2017, 10:S3381-S3393.

[35] ZHANG Y, ZHU C, LIU F, et al. Effects of ionic strength on removal of toxic pollutants from aqueous media with multifarious adsorbents: a review [J] . Sci Total Environ, 2019, 646:265-279.

[36] ALI R M, HAMAD H A, HUSSEIN M M, et al. Potential of using green adsorbent of heavy metal removal from aqueous solutions: adsorption kinetics, isotherm, thermodynamic, mechanism and economic analysis [J] . Ecol Eng, 2016, 91:317-332.

[37] VERMA M, KUMAR A, LEE I, et al. Simultaneous capturing of mixed contaminants from wastewater using novel one-pot chitosan functionalized with EDTA and graphene oxide adsorbent [J] . Environ Pollut, 2022, 304:119130.

[38] FREUNDLICH H. Over the adsorption in solution [J] . J Phys Chem, 1906, 57 (385471):1100-1107.

[39] LANGMUIR I. The adsorption of gases on plane surfaces of glass, mica and platinum [J] . J Am Chem Soc, 1918, 40 (9):1361-1403.

[40] WANG H, WANG S, WANG S, et al. Adenosine-functionalized UiO-66-NH_2 to efficiently remove Pb (Ⅱ) and Cr (Ⅵ) from aqueous solution: Thermodynamics, kinetics and isothermal adsorption [J] . J Hazard Mater, 2022, 425:127771.

[41]　KONG D, WANG N, QIAO N, et al. Facile preparation of ion-imprinted chitosan microspheres enwrapping Fe_3O_4 and graphene oxide by inverse suspension cross-linking for highly selective removal of copper (Ⅱ) [J]. ACS Sustain Chem Eng, 2017, 5 (8): 7401-7409.

6　离子印迹腈纶/壳聚糖复合气凝胶的制备及水处理效能研究

6.1　研究概况

稀土元素（REE）以其独特的物理、化学性质，成为光、电、磁等高科技领域不可或缺的战略资源，然而，这些是不可再生的，储备在有限稀土元素中。La（Ⅲ）是有毒的，广泛应用于石油工业。稀土工业的快速发展导致稀土冶炼过程中产生了大量的废水，这些废水的组成复杂，包括有机萃取剂（如 P507）、油类（如磺化煤油）和稀土离子。尽管这些含 La（Ⅲ）的废水是稀土元素的新来源，但如果不采取适当的处理措施，它们将不可避免地破坏环境。因此，稀土冶炼废水中 La（Ⅲ）离子的选择性回收和油的分离对稀土工业的可持续发展和环境保护具有重要意义。另外，沉淀法、过滤法、吸附法、膜分离法、燃烧法、反渗透法等大量方法已被报道用于处理含有可溶性金属离子和不溶性油类的复杂污染物。在这些方法中，吸附法因操作简单、方便、有效而被认为是一种突出的方法。许多吸附剂包括蒙脱土、活性炭、金属有机框架和气凝胶，已被用于去除水中的重金属离子或油。然而，以往的研究大多集中在金属离子或油的分离去除上。此外，这些令人感兴趣的吸附剂还存在吸附能力差、再生性能差、效率有限等缺陷，这极大地阻碍了它们在废水处理中的实际应用。

气凝胶作为一种极具吸引力的吸附剂，具有独特的三维（3D）网络结构，由于其高表面积、大的孔隙度和优异的机械性能，被广泛用于同时去除废水中的金属离子和油脂。同时，天然的、对环境友好的、可生物降解的和可再生的聚合物，在构建廉价的气凝胶基质材料方面越来越受到关注。其中，壳聚糖（CS）富含—OH 和—NH_2官能团，使其通过化学螯合或静电吸引对重金属具有出色的吸附能力。此外，与粉末 CS 相比，由 CS 制成的气凝胶具有吸附能力更好、化学稳定性更强、回收效率更高等潜在优势。然而，大多数 CS-基气凝胶对稀土离子和油的吸附性能较差，由于表面的官能团较少，机械强度较差，仍然表现出不理想的性能。此外，稀土元素物理、化学性质的相似性也阻碍了 La（Ⅲ）的选择性回收，因此，进一步提高 CS-基气凝胶对稀土离子的综合吸附能力，具有重要的现实意义。

提高CS-基气凝胶对稀土离子吸附能力的重要方法之一就是将外功能聚合物链固定在气凝胶基质上。根据软硬酸碱理论，稀土离子作为硬路易斯酸对含氨基和磷酸基团的化合物具有很强的结合倾向。从这个角度来看，构建具有丰富氨基和磷酸盐官能团的新型CS-基气凝胶可能有助于捕获废水中的La（Ⅲ）。聚氨基磷酸（PA）具有丰富的氨基和磷酸基团，而且磷酸基团对稀土元素具有较高的亲和力，是一种很有前途的吸附水中稀土离子的聚合物高分子材料。除了效率高之外，PA还可以通过补强增强三维多孔网状气凝胶结构的完整性和柔韧性。更令人印象深刻的是，PA可以很容易地从废丙烯酸纤维（WAF）中制备，使其成为制备多功能水净化材料的昂贵和有前途的候选材料。在我们之前的工作中，通过交联策略制备了基于PA和氧化石墨烯的高性能气凝胶，其对Cr（Ⅲ）的吸收能力高达327.1mg/g。

近年来，离子印迹技术（IIT）被认为是提高吸附剂选择性的最有效方法之一，因为其识别位点在形状、电荷、配位数和大小等方面与目标离子非常匹配。利用IIT制备了多种离子印迹聚合物，用于同时选择性吸附水中的稀土元素。例如，Liu等人制备了一种离子印迹CS-基海绵，用于选择性吸附Gd（Ⅲ）。因此，IIT制备的PA和CS混合气凝胶有望提供一种对目标离子［La（Ⅲ）］具有高选择性、吸附能力优异、机械强度好的新型吸附剂。然而，这个想法还没有被探索过。

除重金属和油类外，细菌是废水中最常见的微生物污染物。这些微生物不能被传统的吸附剂消除，并可能对水处理过程产生不利影响。然而CS的抗菌活性很弱，因此，提高CS-基吸附剂的抗菌活性是实际应用的必要条件。目前，通过在CS骨架上引入胍基、吡啶基、季基或纳米颗粒等正电荷基团，CS-基材料的抗菌活性得到了显著提高。另外，氨基膦酸作为一种重要的天然氨基酸类似物，因其独特的结构和独特的生物活性而受到广泛关注。特别是α-氨基膦酸具有良好的抗菌性能，具有广阔的应用前景。由PA和CS组成的杂化气凝胶有望提供更好的抗菌活性，具有更好的实际应用潜力，然而，这项研究和试验是前所未有的。

本研究制备了几种新型La（Ⅲ）印迹PA-功能化3D CS气凝胶（CSA）(PA-CS-IIAs)（聚氨基磷酸-壳聚糖-离子印迹技术），具有优异的吸附和抗菌功能，并应用于La（Ⅲ）的选择性吸附和水中油脂的去除。此外，还对PA-CS-IIAs气凝胶的抗菌性能进行了评价。为了比较，还制备了三种不同PA含量(PA-CSA-1，2，3）的CSA和PA功能化的CSA（PA-CSA）。值得注意的是，PA在制备3D PA-CS-IIAs中发挥了多功能作用，具有以下特点：①作为表面改性剂，提高La（Ⅲ）的吸附能力；②将PA与3D CSA相结合有望提高所得材料的机械强度和热稳定性；③同时作为复合材料的双功能组分，使PA-CS-IIA-2的抗菌能力显著增强。此外，与其他先前报道的含有氨基和磷酸基团的化合物相比，PA 是非常便宜的，可以很容易地从 WAFs 中制备。PA-CS-IIAs 气凝胶具有低成本、环保、多功能等优点，具有广泛的应用前景。

6.2 试验内容和方法

CSA、PA、PA-CS-IIAs 和 PA-CSAs 的制备：CSA 的合成，CSA 按照文献程序制作。首先，将 0.4g CS 溶解于 20mL 的 2%（质量分数）的醋酸水溶液中，然后加入 0.4mL 50%的戊二醛水溶液。将得到的反应混合物搅拌 3min，室温陈化 3h，用乙醇和蒸馏水洗涤三次，除去未反应的反应物，在 -60℃冷冻干燥 24h，形成气凝胶。

制备 PA-CS-IIAs 时，将 0.2g CS（壳聚糖）溶解于 10mL 2%的醋酸水溶液中得到溶液 A，同时将 0.1～0.3g 制备好的 PA（聚氨基磷酸）溶解于 10mL 2%的醋酸水溶液中得到溶液 B。然后将两种溶液混合，加入 La（Ⅲ）水溶液（2000mg/L）1mL，搅拌 2h，加入 50%戊二醛水溶液 0.4mL，搅拌 3min。然后将得到的混合物在室温下陈化 3h，用乙醇和蒸馏水洗涤 3 次，去除未反应的反应物和 La（Ⅲ）离子，然后在 -60℃下冷冻干燥 24h，形成气凝胶。然后将材料浸入 0.1mol/L HCl 水溶液（300mL）中，直到洗脱液中没有 La（Ⅲ）离子。最后用蒸馏水洗涤，60℃真空干燥。PA-CS-IIAs 的详细合成过程如图 6-1 所示。

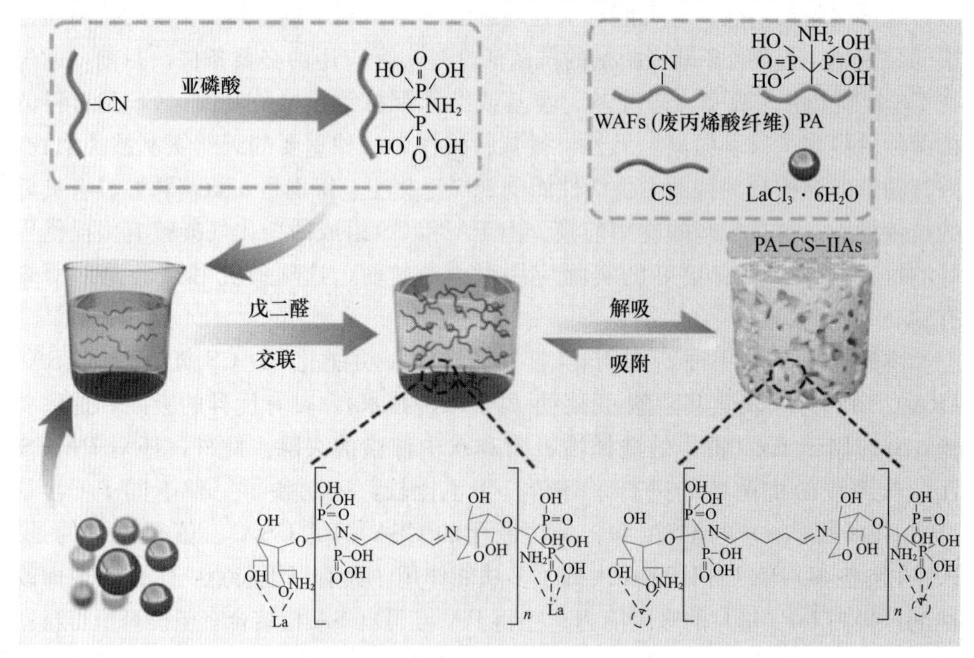

图 6-1 PA-CS-IIAs 的制备工艺示意图

PA-CSAs 的制备过程与 PA-CS-IIAs 相似，但不添加模板离子。其中 PA-CSA-1、PA-CSA-2、PA-CSA-3 的剂量分别为 0.1g、0.2g、0.3g。PA-CSAs 是与 PA-CS-IIAs 相对应的非印迹功能化材料。

La（Ⅲ）吸附试验：在含 10mg 吸附剂的 30mL La（Ⅲ）溶液（500mg/L）中，在 pH 为 5.5 的条件下，在室温下进行 90min 的批量吸附试验，研究 pH 在 2～6 范围内的影响。吸附动力学在 1～90min 内进行。等温测试在初始 La（Ⅲ）离子浓度 20～600mg/L 和温度 288～318K 范围内进行。此外，详细描述了不同时间对 La（Ⅲ）的平衡吸附量（q_e）、去除效率（%）、不同时间吸附能力（q_t）、分配系数（K_D）、选择性系数（K）和相对选择性系数（K_r）。根据式（6-1）～式（6-6）计算不同时间的平衡吸附容量（q_e）、去除效率（R_e）和吸附量（q_t）。所有试验重复三次，取其平均值作为最终数据。

$$q_e=\frac{(C_0-C_e)\times V}{m} \tag{6-1}$$

$$\text{Removal (\%)}=\frac{C_0-C_e}{C_0}\times 100\% \tag{6-2}$$

$$q_t=\frac{(C_0-C_t)\times V}{m} \tag{6-3}$$

式中，C_0、C_e和 C_t（mg/L）分别为 t 时刻溶液中 La（Ⅲ）离子的初始浓度、平衡浓度及 La（Ⅲ）的残留浓度；V（L）和 m（g）分别表示溶液体积和吸附剂质量。

离子印迹聚合物对给定金属离子的亲和力通过分布系数值 K_D（mL/g）和选择系数 K 来估计，其计算公式如下：

$$K_D=\frac{(C_0-C_e)\times V}{mC_e} \tag{6-4}$$

式中，K_D 为分配系数；C_0 为水溶液中初始金属离子浓度（mg/L）；C_e 为水溶液中最终金属离子浓度（mg/L）；V 为溶液体积（mL）；m 为吸附剂质量（g）。

$$K=\frac{K_D(La^{3+})}{K_D(M^{n+})} \tag{6-5}$$

式中，K 为选择性系数，表示水溶液中存在其他金属离子时对 La（Ⅲ）的吸附选择性；M 为其他金属离子。

$$K_r=\frac{K_{imprinted}}{K_{non\text{-}imprinted}} \tag{6-6}$$

式中，$K_{imprined}$和 $K_{non\text{-}imprinted}$为 La（Ⅲ）离子印迹聚合物和非印迹聚合物的选择性系数。

油和有机溶剂吸附试验：将气凝胶浸入 20mL 的有机溶剂或油中，在室温下浸泡 2min，使其达到吸收平衡，然后取出气凝胶，在吸附油前后称重。油或有机溶剂的吸收能力 Q_w（g/g）的详细描述在式（6-7）。

$$Q_w = \frac{M_1 - M_2}{M_1} \tag{6-7}$$

用公式计算吸油量 Q_w（g/g），其中 M_1 和 M_2 分别为吸附试验前后气凝胶的质量。

回收试验：用 50mL（0.1mol/L）HCl 溶液浸渍 12h 再生饱和的 PA-CS-IIA-2，然后用去离子水洗涤，在 60℃下真空干燥，再次考察其对 La（Ⅲ）的吸附剂吸收率。将油吸收式 PA-CS-IIA-2 气凝胶在 50mL 乙醇中浸泡 3 次，浸泡 15min，评价气凝胶的可重复使用性。之后，将气凝胶干燥，再次用于下一次吸收试验。

6.3 结果与讨论

6.3.1 表征结果分析与讨论

PA-CSA-2 和 PA-CS-IIA-2 气凝胶的数码照片显示了典型的三维网络（图 6-2）。用扫描电镜对其微观结构进行了表征和分析。如图 6-3 所示，PA-CSA-2 为三维内连通的具有介孔孔壁的大孔结构。图 6-3（c）显示了 PA-CS-IIA-2 的相对粗糙的表面，PA-CSA-2 和 PA-CS-IIA-2 之间只有轻微的差异。值得注意的是，离子印迹聚合后 PA-CSA-2 的三维网络结构得到了很好的保存[图 6-3（c）]，有利于提高 PA-CS-IIA-2 的吸附性能。采用 N_2 吸附等温线测定了 CSA、PA-CSA-2 和 PA-CSIIA-2 气凝胶的多孔性。

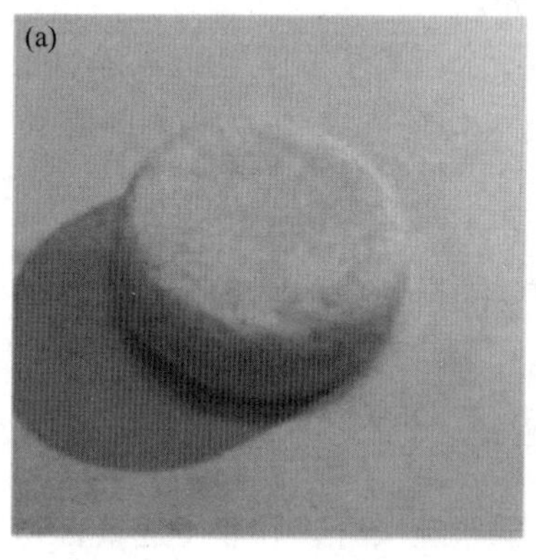

图 6-2　(a) PA-CSA-2 和 (b) PA-CS-IIA-2 气凝胶的数码照片

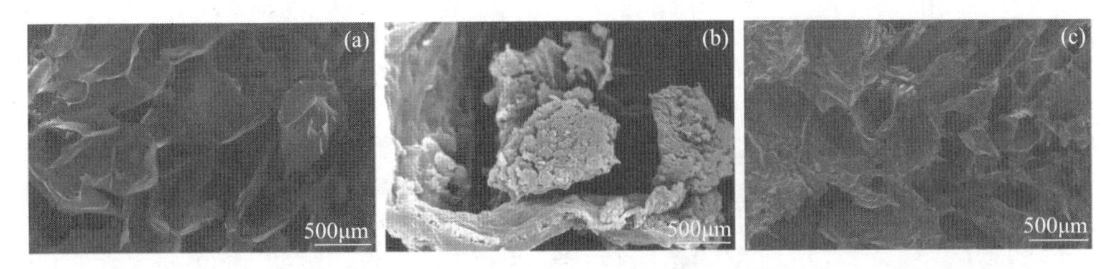

图 6-3 (a)(b)PA-CSA-2 和(c)PA-CS-IIA-2 的 SEM 图像

如图 6-4(a)所示，所有样品均呈现 IV 型等温线，证明了介孔结构的存在。由表 6-1 可知，A-CSA-2 的 BET 比表面积为 102.4m²/g，孔径为 20.4nm，孔体积为 0.4896cm³/g，且略高于 CSA 的报告。与 PA-CSA-2 相比，La（Ⅲ）印迹聚合物（PA-CS-IIA-2）的孔径、BET 比表面积和孔体积均略有增加，表明其可以为 La（Ⅲ）的捕获提供丰富的活性位点，保证了优异的油水分离性能。此外，PA-CSA-2 的 BET 比表面积远高于 CSA（9.7m²/g），这可能是因为 PA 的引入有利于 PA-CSA-2 内部二次孔结构的构建。

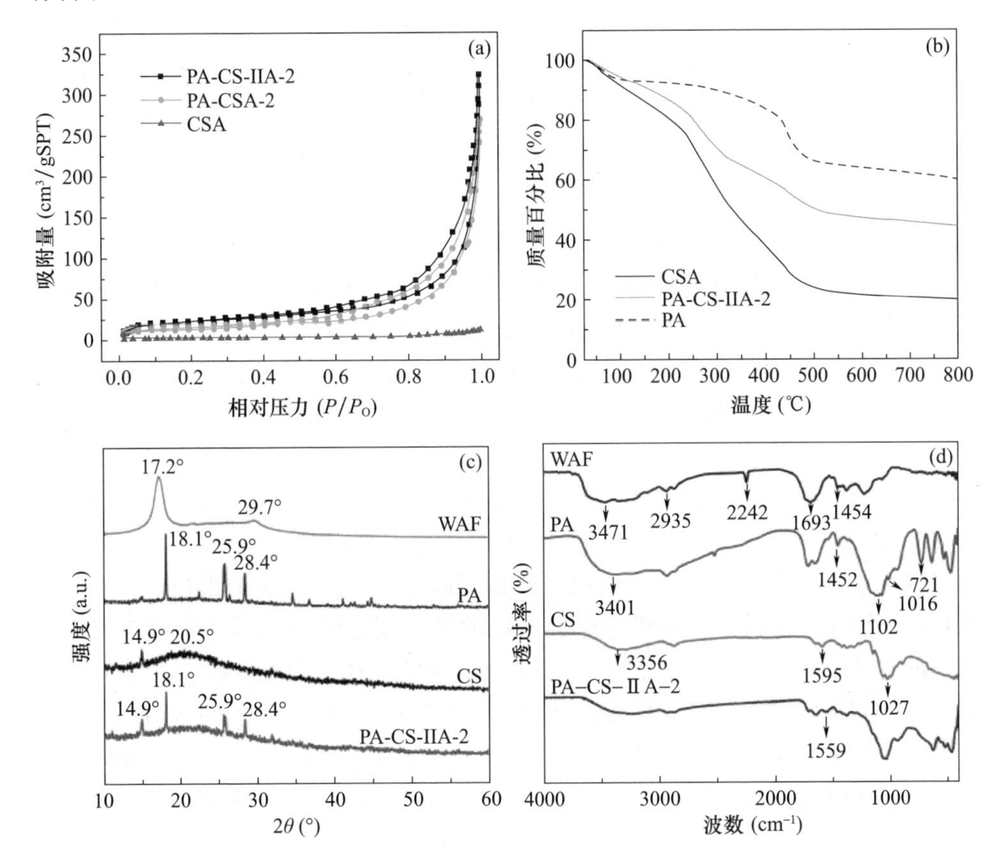

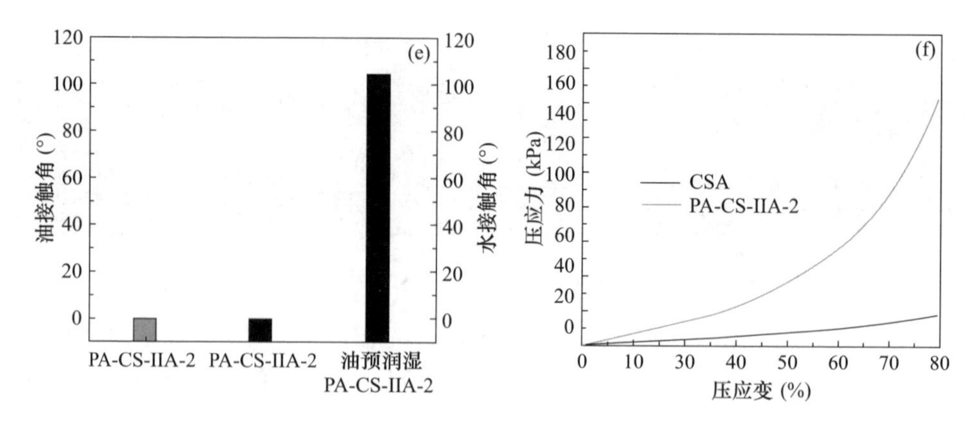

图 6-4 (a) CSA、PA-CSA-2 和 PA-CS-IIA-2 的 N_2 吸附和解吸等温线；(b) PA、CSA 和 PA-CS-IIA-2 的 TGA 曲线；(c) WAF、PA、CS 和 PA-CS-IIA-2 的 XRD 谱图；(d) WAF、PA、CS 和 PA-CS-IIA-2 的 FT-IR 光谱；(e) PA-CS-IIA-2 的油接触角、PA-CS-IIA-2 与油预润湿 PA-CS-IIA-2 的水接触角；(f) CSA 和 PA-CS-IIA-2 气凝胶的应力-应变曲线

表 6-1 材料的 N_2 吸附-解吸等温线参数

吸附剂	比表面积（m^2/g）	孔径（nm）	孔隙体积（cm^3/g）
CSA	9.7	1.2	0.0105
PA-CSA-2	102.4	20.4	0.4896
PA-CS-ⅡA-2	133.6	26.2	0.5154

通过热重分析研究了 CSA、PA 和 PA-CS-IIA-2 热稳定性。图 6-4（b）显示了它们的 TGA 曲线，清楚地表明，由于残余水分的蒸发，所有样品在 100℃时都出现了轻微的质量损失。此外，在 PA 的 TGA 曲线上观察到三个不同的失重阶段，在 200～400℃和 400～550℃范围内，PA 分别出现了 8.7%和 18.6%的主要失重。CSA 气凝胶的 TGA 曲线显示多重失重。在 200～350℃范围内的主要失重是由于有机成分的分解，另一个失重与 400℃时的碳化有关。此外，残余 CSA 含量约为 19.8%。PA-CS-IIA-2 的 TGA 曲线与 CSA 相似，但残余含量增加到 44.3%，表明 PA-CS-IIA-2 的热稳定性相对高于 CSA。这些结果进一步证实了 PA 分子的引入有利于制备热稳定性增强的吸附剂。图 6-4（c）为 WAF、PA、CS 和 PA-CS-IIA-2 的 XRD 图谱，可以看出 WCFs 在 17.2°和 29.7°处有两个主峰，分别对应 WAF 六边形晶格的（100）和（110）晶面。PA 的 XRD 谱图中，上述两个衍射峰消失，而在 18.1°、25.9°和 28.4°处出现了三个新的衍射峰，表明 WAFs 已经完全转变为 PA。此外，CS 的 XRD 谱图在 2θ 值为 14.9°和 20.5°处有两个峰，表明 CS 处于非晶态。此外，PA-CS-IIA-2 的 XRD 谱图在 2θ 值 14.9°、18.1°、25.9°、28.4°处出现 4 个峰，分别对应 PA 和 CS 的衍射，说明离

子印迹过程对原料的晶相几乎没有影响。

为了确定 WAF、PA、CS 和 PA-CS-IIA-2 的结构和化学成分的变化，记录了它们的 FT-IR 光谱，如图 6-4（d）所示。WAFs 的光谱特征峰位于 3471cm^{-1}、2242cm^{-1}和 1693cm^{-1}处，分别对应于—OH、C≡N 和 C═O 基团的拉伸振动。此外，在 2935cm^{-1}和 1454cm^{-1}处分别检测到—CH_2基团的拉伸振动和弯曲振动。经过氨基和磷酸化反应后，在 PA 基样品的光谱中，C≡N 基团在 2242cm^{-1}处的峰消失了。然而，PA 在 3401cm^{-1}处的波段强度显著增加。同时，在 PA 光谱中观察到磷酸基团的几个特征峰。例如，1452cm^{-1}处的峰，属于 P═O 的伸缩振动，1016cm^{-1}和 1102cm^{-1}处的峰，属于 P—O 的振动，721cm^{-1}处的吸附峰，属于 C—P 基团的弯曲振动。CS 的 FT-IR 光谱显示出在 3356cm^{-1}处有 O—H 或 N—H 的拉伸振动，在 1595cm^{-1} 处有—NH_2 基团的拉伸和弯曲振动，在 1027cm^{-1}处有 C—O 的拉伸振动。可以看出，PA-CS-IIA-2 同时具有 CS 和 PA 的特征峰，1559cm^{-1}处的峰值与 C═N 基团的拉伸振动有关。这些 FT-IR 数据证明了 PA-CS-IIA-2 气凝胶的成功制备。

考虑到气凝胶的表面润湿性是其在油水分离中应用的关键指标，通过光学成像和接触角测量，探讨了油和水在 PA-CS-IIA-2 上的润湿行为。如图 6-4（e）所示，当水滴和甲苯滴均与 PA-CS-IIA-2 的外表面接触时，液滴迅速分散并渗透到气凝胶中，使得 PA-CS-IIA-2 在空气中的水、油接触角约为 0°，表明 PA-CS-IIA-2 具有优异的液体渗透能力和两亲性。这一结果可归因于 CS 固有的两亲性以及气凝胶的特殊多孔结构。有趣的是，当 PA-CS-IIA-2 被油（甲苯）预湿时，其水接触角显著增加至 105.2°，这意味着具有特殊润湿性的 PA-CS-IIA-2 实现了可控的油水分离。值得注意的是，PA-CS-IIA-2 具有良好的亲水性和亲油性，有利于吸附水中的重金属和油类。此外，其三维网络结构有利于促进目标污染物在水中的运移，使 PA-CS-IIA-2 成为处理复杂工业废水的优秀候选者。

图 6-4（f）为 CSA 和 PA-CS-IIA-2 气凝胶的应力-应变曲线。CSA 气凝胶的力学性能很低，在 18.2kPa 的应力和 70%的应变下，由于孔隙的崩塌导致气凝胶在压缩时失效。在 PA-CS-IIA-2 中加入 PA 分子链后，PA-CS-IIA-2 的力学性能显著提高，载荷可达 143.8kPa。在 70%应变下，PA-CS-IIA-2 的最大抗压能力为 143.8kPa，是 CSA 的 7.9 倍。这些结果进一步证实了 CS 和 PA 分子链之间存在增强的界面效应，从而使 PA-CS-IIA-2 具有优异的力学性能。

6.3.2 离子印迹腈纶/壳聚糖复合气凝胶对 La（Ⅲ）的选择性回收效能的分析

（1）PA 浓度对吸附的影响

为了在一定条件下选择更适合吸附 La（Ⅲ）的吸附剂，研究了 PA 含量对吸附剂吸附 La（Ⅲ）能力的影响。如图 6-5（a）所示，所有 PA-基材料均表现出比 CSA 更好的 La（Ⅲ）吸收性能。此外，PA-CSA-1、PA-CSA-2 和 PA-CSA-3 对 La（Ⅲ）的吸附量分别为 94.3、112.8 和 104.2mg/g。结果表明，气凝胶对 La（Ⅲ）的吸收能力高度依赖其内部 PA 的浓度，这是由于 PA 中存在易于结合 La（Ⅲ）的磷酸基团。此外，制备的三种离子印迹聚合物对 La（Ⅲ）的吸附能力均高于相应的非印迹聚合物，表明印迹聚合物比非印迹样品具有更多的 La（Ⅲ）吸附位点。在 PA-基气凝胶中，PA-CS-IIA-2 对 La（Ⅲ）的吸附能力最好。鉴于 PA-CS-IIA-2 对 La（Ⅲ）的吸附性能优异，选择其作为后续 La（Ⅲ）吸附试验的最佳样品。

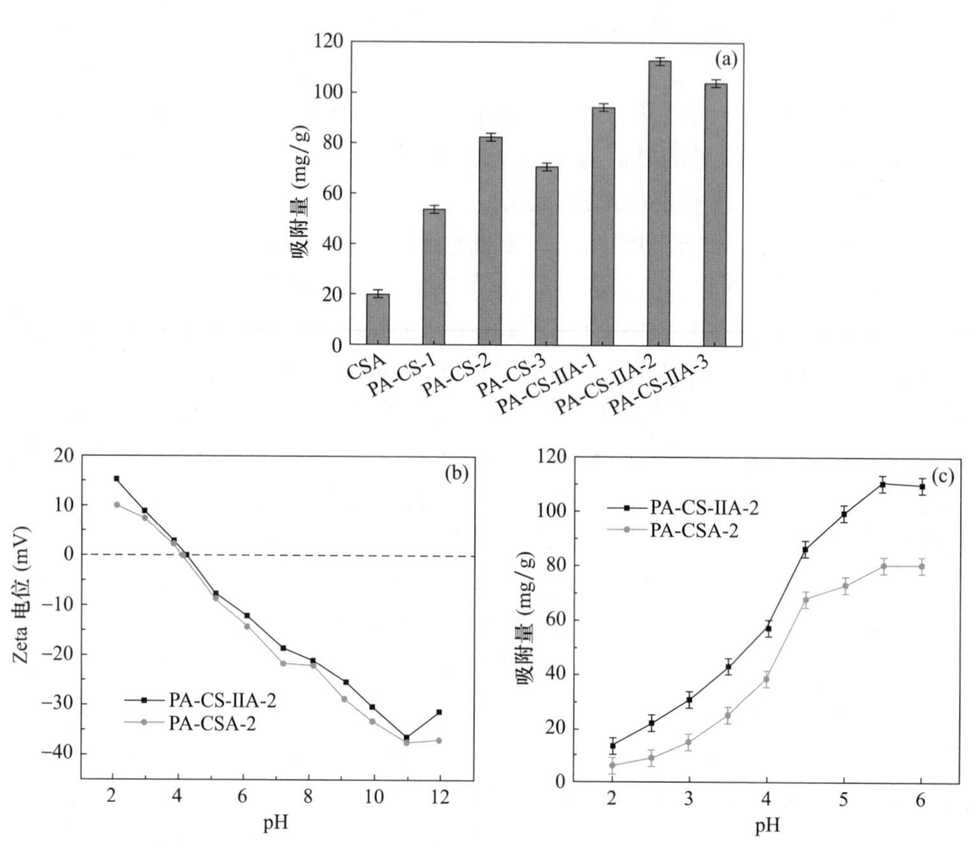

图 6-5　(a) 不同吸附剂对 La（Ⅲ）吸附的影响；(b) PA-CS-IIA-2 和 PA-CSA-2 的 ζ 电位；(c) pH 对 PA-CS-IIA-2 和 PA-CSA-2 吸收 La（Ⅲ）的影响

（2）初始 pH 的影响

为了评价溶液 pH 对制备材料吸收 La（Ⅲ）的影响，首先测定了 PA-CS-IIA-2 和 PA-CSA-2 在 pH2～12 范围内的 ζ 电位，并记录了两种样品的零电荷点（pHpzc）。如图 6-5（b）所示，当溶液 pH 从 2 增加到 12 时，PA-CS-IIA-2 和

PA-CSA-2 的 ζ 电位分别从 15.3 和 10.2 逐渐降低到 −36.6 和 −37.4。此外，PA-CS-IIA-2 和 PA-CSA-2 的 pHpzc 分别在 pH4.2 和 4.1 下测定，表明 pH 大于 4.2 时两种材料都带负电荷。另外，考虑到在 pH＞6 时 La（Ⅲ）阳离子会发生水解和金属氢氧化物的沉淀，在 pH 2～6 范围内研究了两种样品的初始 pH 对 La（Ⅲ）的吸附能力的影响。图 6-5（c）显示了 pH 对 PA-CS-IIA-2 和 PA-CSA-2 摄取 La（Ⅲ）能力的影响。显然，在较低 pH（pH＜pHpzc）下，两种样品对 La（Ⅲ）的吸附能力较低是由于 La（Ⅲ）离子和带正电的吸附剂的静电排斥作用。此外，水溶液中大量的 H^+ 离子会与 La（Ⅲ）离子竞争有限的表面吸附位点，降低了 La（Ⅲ）的吸附能力。相反，当 pH＞pHpzc 时，带负电荷的吸附剂与 La（Ⅲ）离子之间的静电吸引有利于提高吸附容量。同时，在高 pH 条件下，吸附剂表面的羟基、胺基、磷酸基等官能团发生去质子化，有利于通过螯合作用增加吸附剂的吸收能力。在 pH＜5.5 的范围内，两种材料对 La（Ⅲ）的吸收能力随溶液 pH 的增加而增加。随着 pH 的进一步增大，吸附量变化不大。根据以上结果，选择 pH 为 5.5 作为后续试验的最适 pH。

（3）吸附等温线

图 6-6（a）显示了初始 La（Ⅲ）离子浓度对 PA-CS-IIA-2 和 PA-CSA-2 吸收能力的影响，清楚地表明在初始浓度 20～100mg/L 范围内，两种吸附剂的 La（Ⅲ）吸收能力显著增加。随着初始浓度的进一步增加，两种样品的 La（Ⅲ）吸收能力都略有增加，PA-CS-IIA-2 和 PA-CSA-2 分别达到最大值 112.8mg/g 和 82.5mg/g。为了了解 La（Ⅲ）与吸附剂之间的相互作用，通过 Langmuir、Freundlich 和 Temkin 等温模型进一步估计了 PA-CS-IIA-2 和 PA-CSA-2 对 La（Ⅲ）的吸附行为。Langmuir 模型用于拟合吸附剂表面的单层吸附，Freundlich 模型用于拟合非均质表面的多层吸附。Temkin 模型表明吸附热随分子吸附量的增加而线性减小。以下详细描述三种等温线模型。Langmuir 模型描述了一种单层覆盖，其中吸附剂上的所有吸附位点都是相同的。Freundlich 等温线的建立是基于多层吸附和非均相吸附的假设。而 Sips 等温线模型是 Langmuir 和 Freundlich 等温线模型的结合，有望更好地描述非均质表面。三种模型的描述如下：

Langmuir：

$$q_e=\frac{K_L q_m C_e}{1+K_L C_e} \tag{6-8}$$

Freundlich：

$$q_e=K_F C_e^n \tag{6-9}$$

Temkin：

$$q_e=\frac{R_t}{b}\ln K_t+\frac{R_t}{b}\ln C_e \tag{6-10}$$

式中，K_L（L/mg）为吸附自由能和结合位点亲和力的 Langmuir 常数；C_e（mg/L）为吸附平衡时 La（Ⅲ）的浓度；q_m 和 q_e（mg/g）分别为 PA-CS-IIA-2 和 PA-CSA-2 对 La（Ⅲ）的最大吸附量和平衡吸附量；K_F（$mg^{1-n}L^n/g$）和 n 为 Freundlich 常数，分别与吸附容量和吸附强度有关；R_t/b（J/mol）和 K_t（L/g）为 Temkin 等温线常数；R［8.314J/（mol·K)］为气体常数；t（K）为开尔文温度。

上述三种模型以非线性形式对试验数据的拟合结果如图 6-6（b）所示。同时，计算出相应的等温线参数，见表 6-2。Langmuir 等温线与试验数据拟合最佳，相关系数（R^2）值（PA-CS-IIA-2 为 0.9969，PA-CSA-2 为 0.9937）大于 Freundlich 模型（PA-CS-IIA-2 为 0.9190，PA-CSA-2 为 0.9071）和 Temkin 模型（PA-CS-IIA-2 为 0.9841，PA-CSA-2 为 0.9781）。此外，Langmuir 方程计算出的 q_{max} 值（PA-CS-IIA-2 为 114.6mg/g，PA-CSA-2 为 85.2mg/g）与试验 q_e 值（PA-CS-IIA-2 为 112.8mg/g，PA-CSA-2 为 82.5mg/g）非常接近。结果表明，La（Ⅲ）在 PA-CS-IIA-2 和 PA-CSA-2 上的吸附是由均匀表面的单层吸附控制的。

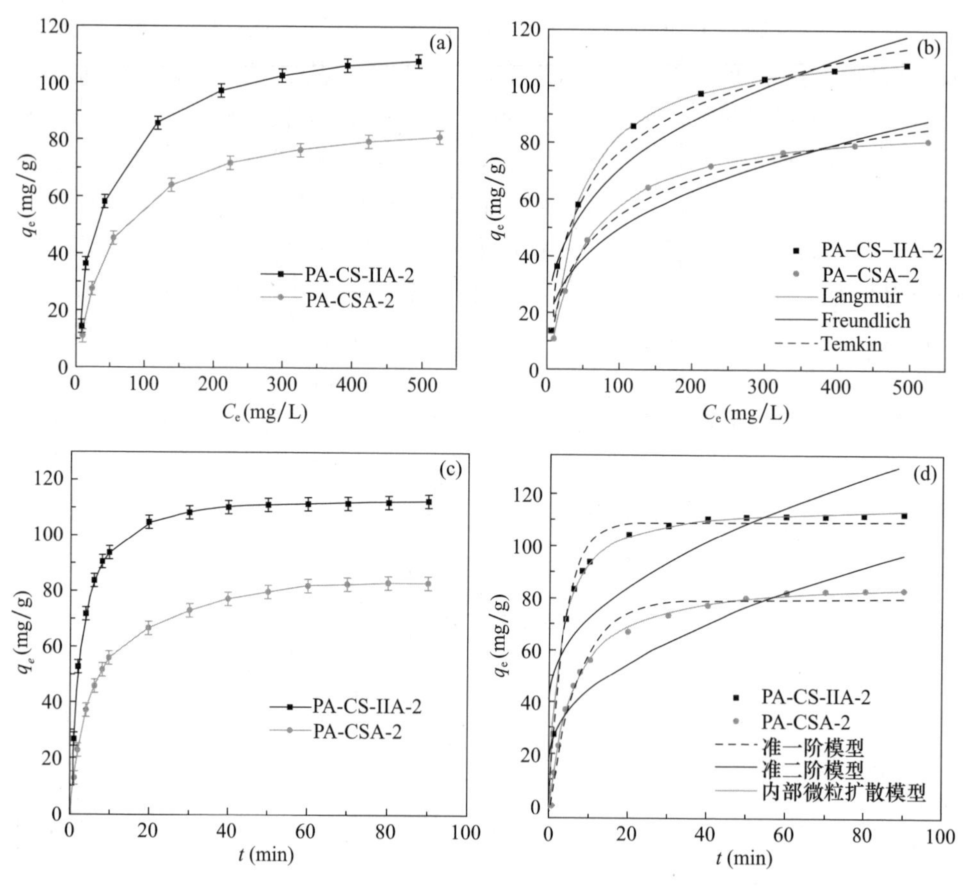

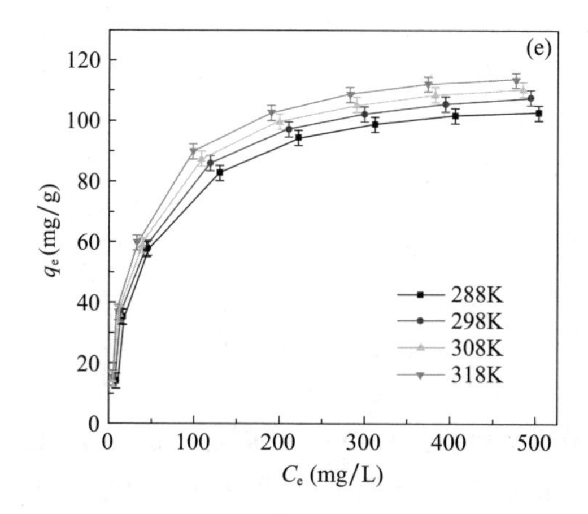

图 6-6 (a) PA-CS-IIA-2 和 PA-CSA-2 对 La(Ⅲ)的吸附等温线;
(b) La(Ⅲ)对应的 PA-CS-IIA-2 和 PA-CSA-2 拟合曲线;
(c) 吸附时间对 PA-CS-IIA-2 和 PA-CSA-2 吸附 La(Ⅲ)的影响;
(d) PA-CS-IIA-2 和 PA-CSA-2 对 La(Ⅲ)的三种动力学模型;
(e) 不同温度下 PA-CS-IIA-2 对 La(Ⅲ)的吸附等温线

表 6-2 La(Ⅲ)在 PA-CS-IIA-2 和 PA-CSA-2 上吸附的 Langmuir、Freundlich 和 Temkin 等温线参数

模型	参数	单位	PA-CS-IIA-2	PA-CSA-2
Langmuir	K_L	L/mg	0.02286	0.01824
	q_m	mg/g	114.5716	85.1677
	R^2		0.9969	0.9937
Freundlich	K_F	$mg^{-1/n}L^{1/n}/g$	16.5269	11.5039
	n		0.3117	0.3215
	R^2		0.9190	0.9071
Temkin	b	J/mol	108.3802	181.4129
	K_t	L/g	3.6182	5.0594
	R^2		0.9841	0.9781

吸附动力学研究:图 6-6(c)为吸附时间吸附 PA-CS-IIA-2 和 PA-CSA-2 吸附 La(Ⅲ)能力的影响。两种吸附剂对 La(Ⅲ)的吸收能力在最初几分钟内随着接触时间的增加而迅速增加,然后吸收速度减慢,直到达到吸收平衡。结果还表明,PA-CS-IIA-2 和 PA-CSA-2 对 La(Ⅲ)的吸附平衡时间分别为 40min 和 60min。PA-CS-IIA-2 更快的吸收速率可能是由于 PA-CS-IIA-2 的印迹空腔受益于 La(Ⅲ)的快速捕获。因此,为了保证吸附平衡,选择 90min 进行进一步的试验。

为了深入分析吸收机理和探索试验的速率控制过程，采用准一阶（PFO）和准二阶（PSO）模型和动力学模型对数据进行拟合，并采用颗粒内部扩散模型对数据进行拟合。为了分析吸附过程，采用准一阶、准二阶和动态模型拟合试验动力学数据。两个模型的线性形式表示为：

$$\lg(q_e - q_t) = \lg q_e - \frac{k_1}{2.303}t \tag{6-11}$$

$$\frac{t}{q_t} = \frac{1}{k_2 q_e^2} + \frac{t}{q_e} \tag{6-12}$$

$$q_t = k_p t^{1/2} + C \tag{6-13}$$

式中，k_1、k_2 和 k_p 分别为吸附过程中 PFO 常数（min^{-1}）、PSO 常数［g/（mg·min)］和 IPD 常数（$min^{-1/2}$）；q_t 和 q_e 分别表示 t 时刻（min）和平衡时刻的吸附量（mg/g）；C 为任意试验的常数（mg/g）。

图 6-6（d）显示了三种动力学模型的非线性拟合形式，表 6-3 总结了相关参数，表明试验数据比其他两种模型更符合 PSO 动力学模型。PSO 模型的 R^2 值（PA-CS-IIA-2 为 0.9972，PA-CSA-2 为 0.9924）高于 PFO 模型（PA-CS-IIA-2 为 0.9857，PA-CSA-2 为 0.9823）和 IPD 模型（PA-CS-IIA-2 为 0.6678，PA-CSA-2 为 0.8659）。

表 6-3　La（Ⅲ）在 PA-CS-IIA-2 和 PA-CSA-2 上吸附的准一阶、准二阶动力学和颗粒内扩散模型参数

模型	参数	单位	PA-CS-IIA-2	PA-CSA-2
准一阶	k_1	1/min	0.2592	0.1386
	q_e	mg/g	106.5641	76.6048
	R^2	—	0.9857	0.9823
准二阶	k_2	g/（mg·min）	0.003432	0.001918
	q_e	mg/g	115.1476	86.0318
	R^2	—	0.9972	0.9924
颗粒内扩散	k_p	$min^{-1/2}$	9.0791	8.2472
	C	mg/g	44.9816	18.1217
	R^2	—	0.6678	0.8659

此外，PSO 模型计算的 q_{max} 值（PA-CS-IIA-2 为 115.1mg/g，PA-CSA-2 为 86.0mg/g）与试验 q_e 值（PA-CS-IIA-2 为 112.1mg/g，PA-CSA-2 为 82.3mg/g）比 PFO 模型（PA-CS-IIA-2 为 106.6mg/g，PA-CSA-2 为 76.2mg/g）更为吻合。此外，PA-CS-IIA-2 的 k 值高于 PA-CSA-2，可能是由于 PA-CS-IIA-2 比 PA-CSA-2 有更多的 La（Ⅲ）吸收活性位点的存在。这些结果表明，La（Ⅲ）在 PA-CS-IIA-2 和 PA-CSA-2 上的捕获主要是通过化学吸附来控制速率。

热力学研究：为了进一步研究 PA-CS-IIA-2 在不同温度下的吸附行为，在 288～318K 范围内研究了温度对 La（Ⅲ）吸附性能的影响。试验结果如图 6-6（e）所示。详细的吉布斯自由能变化（ΔG）、熵变化（ΔS）和焓变化（ΔH）由下式计算：

$$K_D=\frac{q_e}{C_e} \tag{6-14}$$

$$\Delta G=-RT\ln K_D \tag{6-15}$$

$$\ln K_D=\frac{\Delta S}{R}-\frac{\Delta H}{RT} \tag{6-16}$$

式中，T（K）为温度；K_D 为分布系数。

从图 6-6（e）可以看出，PA-CS-IIA-2 对 La（Ⅲ）的吸附量随着温度的升高而增大，说明高温有利于 La（Ⅲ）的捕获。表 6-4 给出了相应的热力学参数，ΔG 值为负（－15.278～13.716kJ/mol），ΔH 值为正（1.241kJ/mol）。

表 6-4　La（Ⅲ）在 PA-CS-IIA-2 上吸附的热力学参数

T（K）	ΔG（kJ/mol）	ΔS［J/（mol·K）］	ΔH（kJ/mol）
288	－13.7155	51.9683	1.2415
298	－14.2603		
308	－14.7658		
318	－15.2777		

这些结果暗示了 IIP 吸收 La（Ⅲ）的自发和吸热性质。此外，正值 ΔS［51.9683J/（mol·K）］表明 PA-CS-IIA-2 对 La（Ⅲ）的吸附增加了熵。

水体中 La（Ⅲ）吸附选择性：为了评估 PA-CS-IIA-2 和 PA-CSA-2 对 La（Ⅲ）的选择性识别能力，在 La（Ⅲ）浓度为 500mg/L、pH 为 5.5 的多组分溶液中，对 La（Ⅲ）和 Cd（Ⅱ）、Na（Ⅰ）、K（Ⅰ）、Mg（Ⅱ）、Ca（Ⅱ）、Zn（Ⅱ）和 Co（Ⅱ）等干扰离子，在两种材料上的竞争性吸附持续进行了 90min。在被测溶液中，La（Ⅲ）的浓度与其他金属离子的浓度相同。由图 6-7 可知，PA-CS-IIA-2 和 PA-CSA-2 对 La（Ⅲ）的吸附能力远高于共存离子，这是因为 PA 是一种硬路易斯碱，相对于上述干扰离子，它更容易与高亲和力的硬酸 La（Ⅲ）结合。更重要的是，与非印迹材料（PA-CSA-2）相比，PA-CS-IIA-2 表现出明显更高的 La（Ⅲ）吸附能力，这是由于 PA-CS-IIA-2 对 La（Ⅲ）离子印迹过程中形成的 La（Ⅲ）具有更高的表面积和更丰富的活性位点。

在这些结果的鼓舞下，进一步研究了 PA-CS-IIA-2 和 PA-CSA-2 在 La（Ⅲ）/Y（Ⅲ）、La（Ⅲ）/Ce（Ⅲ）、La（Ⅲ）/Eu（Ⅲ）和 La（Ⅲ）/Gd（Ⅲ）二元体系中对 La（Ⅲ）的吸附选择性。同时计算分布系数（K_D）、选择性系数（K）、相对选择性系数（K_r）等各项参数，见表 6-5。

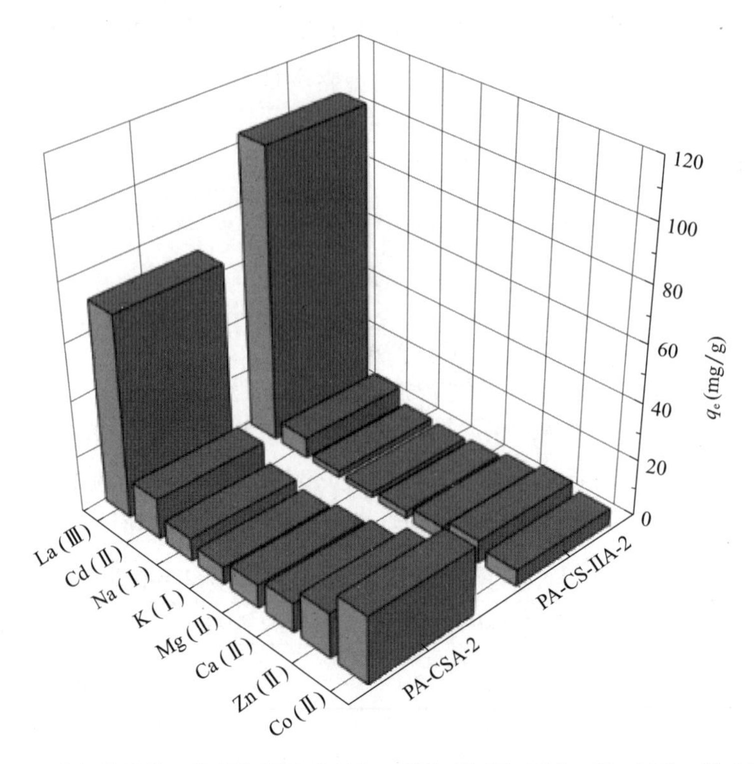

图 6-7　PA-CS-IIA-2 和 PA-CSA-2 对 La（Ⅲ）对 Cd（Ⅱ）、Na（Ⅰ）、K（Ⅰ）、Mg（Ⅱ）、Ca（Ⅱ）、Zn（Ⅱ）和 Co（Ⅱ）离子的选择性

表 6-5　La（Ⅱ）、Y（Ⅲ）、Ce（Ⅲ）、Eu（Ⅲ）和 Gd（Ⅲ）在 PA-CS 上的选择性吸附 PA-CS-IIA-2 和 PA-CSA-2

金属	吸附剂	K_D（mL/g）		K	K_r
		K_D（La^{3+}）	K_D（M^{3+}）		
La（Ⅲ）/Y（Ⅲ）	PA-CS-IIA-2	79.93	27.64	2.89	1.35
	PA-CSA-2	51.12	23.85	2.14	
La（Ⅲ）/Ce（Ⅲ）	PA-CS-IIA-2	81.31	30.57	2.66	1.80
	PA-CSA-2	43.43	29.32	1.48	
La（Ⅲ）/Eu（Ⅲ）	PA-CS-IIA-2	76.45	33.15	2.31	1.77
	PA-CSA-2	45.24	34.78	1.30	
La（Ⅲ）/Gd（Ⅲ）	PA-CS-IIA-2	65.54	46.12	1.42	1.29
	PA-CSA-2	41.19	37.39	1.10	

La（Ⅲ）的 K_D 值分别是 Y（Ⅲ）、Ce（Ⅲ）、Eu（Ⅲ）和 Gd（Ⅲ）的 79.93、81.31、76.45 和 65.54 倍，表明 PA-CS-IIA-2 对 La（Ⅲ）的吸附性能明显优于其他稀土元素。此外，PA-CS-IIA-2 对 La（Ⅲ）/Y（Ⅲ）、La（Ⅲ）/Ce

（Ⅲ）、La（Ⅲ）/Eu（Ⅲ）和 La（Ⅲ）/Gd（Ⅲ）的 K 值分别为 2.89、2.66、2.31 和 1.42，而 PA-CSA-2 的 K 值仅为 2.14、1.48、1.30 和 1.10，说明在这些竞争体系中，PA-CS-IIA-2 比 PA-CSA-2 更容易捕获 La（Ⅲ）离子。此外，每个干扰离子的 K_r 值均大于 1.29，进一步证实了 PA-CS-IIA-2 对 La（Ⅲ）的高识别能力，这可能是由 IIT 产生的 PA-CS-IIA-2 的固定配位空间结构所致。

6.3.3 离子印迹腈纶/壳聚糖复合气凝胶对水体中 La（Ⅲ）吸附机理的分析

通过分析 PA-CS-IIA-2 吸附 La（Ⅲ）前后的 FT-IR 光谱（PA-CS-IIA-2-La）研究 La（Ⅲ）的吸附机理，结果如图 6-8（a）所示，与吸附前的 PA-CS-IIA-2 的 FT-IR 光谱相比，吸附后的 P═O 峰强度明显降低。此外，观测到从 $1381cm^{-1}$ 向 $1370cm^{-1}$ 波段偏移。同时，$931cm^{-1}$ 处的峰值属于 P—OH 的拉伸振动，沿相同的趋势移动到 $902cm^{-1}$。这些结果表明，PA-CS-IIA-2 配合物中存在磷酸官能团与 La（Ⅲ）。此外，由波段从 $3235cm^{-1}$、$1646cm^{-1}$ 和 $1559cm^{-1}$ 分别移动到 $3224cm^{-1}$、$1635cm^{-1}$ 和 $1540cm^{-1}$ 也被证明是含氧和含氮官能团（如—OH，$—NH_2$ 和 C═N）参与 La（Ⅲ）的吸收。因此，PA-CS-IIA-2 中的羟基、氨基和膦酸官能团以及 C═N 基团都有助于从水中吸附 La（Ⅲ）。

为了进一步验证 PA-CS-IIA-2 与 La（Ⅲ）离子的结合机制，记录了 PA-CS-IIA-2 和 PA-CS-IIA-2-La 的 XPS 全扫描测量光谱，如图 6-8（b）所示。吸附前，PA-CS-IIA-2 在 133.1、285.6、401.5 和 532.8eV 的结合能处出现了几个峰，分别对应于 P-2p、C-1s、N-1s 和 O-1s。PA-CS-IIA-2-La（Ⅲ）在约 835.6 和 854.4eV 处出现两个新带，分别与 La-$3d_{5/2}$ 和 La-$3d_{3/2}$ 峰相关，证实 La（Ⅲ）离子被 PA-CS-IIA-2 成功捕获。为了深入分析吸附机理，我们对 La（Ⅲ）吸附前后的 N-1s 和 P-2p 峰进行了高分辨率光谱分析，分别如图 6-8（c）和（d）所示。如图 6-8（c）所示，PA-CS-IIA-2 的 N-1s XPS 光谱中有两个峰位于 399.13 和 401.33eV，分别归属于-NH_2基团和 C—N/C═N 键。在吸收 La（Ⅲ）后，这些峰分别在 399.53eV 和 401.38eV 处转变为更高的结合。同时，在 403.73eV 处出现了一个新的峰对应 N-La 键，表明含氮-基团在 PA-CS-IIA-2 与 La（Ⅲ）离子络合中起关键作用。此外，PA-CS-IIA-2 的高分辨 P-2p 光谱在 132.98 和 132.33eV 处有两个峰，分别属于 P═O/P—O 和 P—C 基团。La（Ⅲ）吸附后，PA-CS-IIA-2 的 P═O/P—O 基团与 La（Ⅲ）离子发生络合反应，P=O/P－O 峰在 133.33eV 处向高结合方向移动，峰值强度显著降低。因此，PA-CS-IIA-2 对 La（Ⅲ）的优异吸收性能主要归因于 La（Ⅲ）离子与 PA-CS-IIA-2 的氨基和磷酸基团的螯合作用。

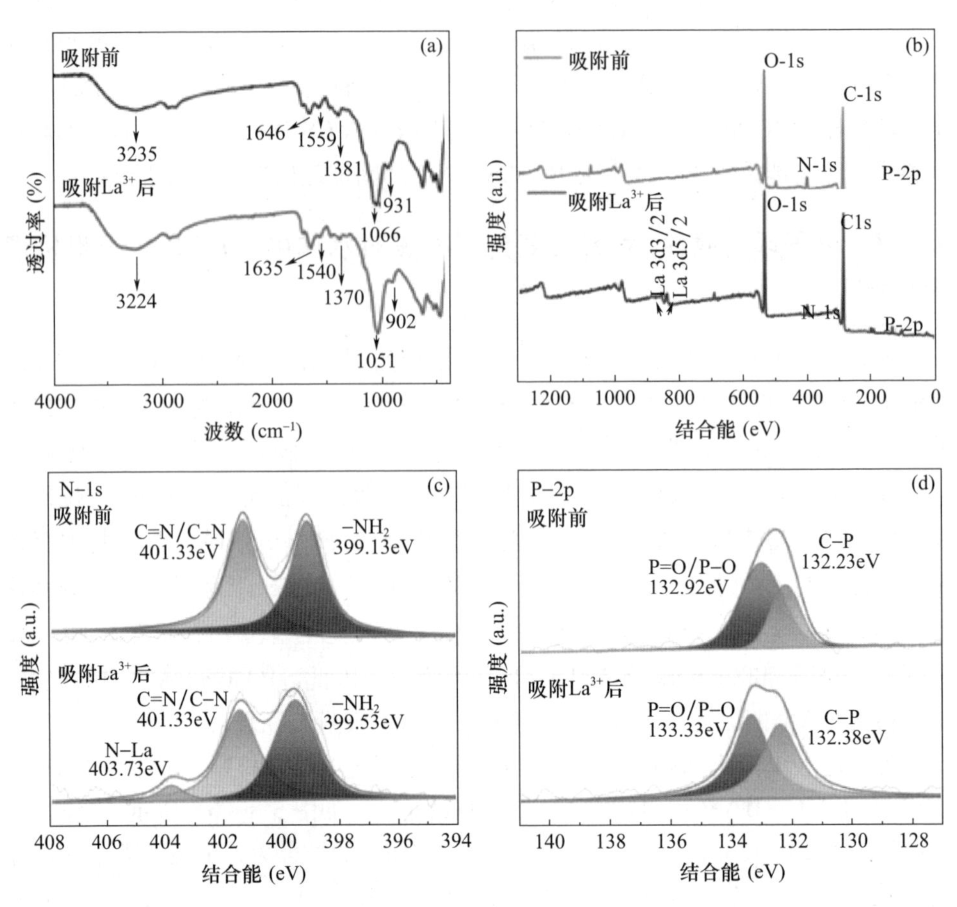

图 6-8　(a) PA-CS-IIA-2 吸附 La（Ⅲ）前后的 FT-IR 光谱；(b) PA-CS-IIA-2 吸附 La（Ⅲ）前后的 XPS 宽扫描图；(c)(d) 吸附 La（Ⅲ）前后 PA-CS-IIA-2 的 N-1s 和 P-2p 的高分辨率 XPS 光谱

6.3.4　对离子印迹腈纶/壳聚糖复合气凝胶有机溶剂和油脂吸附的分析

受 PA-CS-IIA-2 独特结构的启发，这种两亲性气凝胶除了具有对可溶性 La（Ⅲ）的优异吸收能力外，还有望从水中去除不溶性油。本节以甲苯为模型油，评价 PA-CS-IIA-2 的油水分离效率。如图 6-9 所示，PA-CS-IIA-2 与两亲性气凝胶接触后，迅速吸附了水面上的甲苯（用苏丹Ⅲ染色），仍浮在水面上。更重要的是，在 PA-CS-IIA-2 中没有观察到水吸附，表明其具有巨大的分离油水混合物的潜力。

图 6-9 PA-CS-IIA-2 吸附油前后的照片

为了进一步研究其在油水分离中的应用潜力，研究了 PA-CS-IIA-2 对各种化学溶剂、稀释剂和萃取剂的吸油能力。如图 6-10（a）所示，PA-CS-IIA-2 对所测溶剂和油类具有优异的吸附性能，对磺化煤油、正己烷、甲苯、石油、机油、乙酸乙酯、丙酮、甘油、DMF、P507 和二氯甲烷的吸附量分别为 93.3、85.6、100.6、98.8、104.1、105.8、99.5、105.6、87.1、132.6 和 138.6g/g。这些结果表明，PA-CS-IIA-2 对溶剂和油的吸收能力取决于被测样品的表面张力和密度。值得注意的是，PA-CS-IIA-2 对磺化煤油（稀土萃取体系中的典型稀释剂）的吸附量高达 93.3g/g。此外，PA-CS-IIA-2 对 P507 等萃取剂的吸收能力显著提高（132.6g/g），部分原因是萃取剂更容易被 PA-CS-IIA-2 捕获和 PA-CS-IIA-2 具有与 P507 相似的化学官能团。因此，PA-CS-IIA-2 气凝胶在稀土萃取废水处理中具有很大的实际应用潜力。

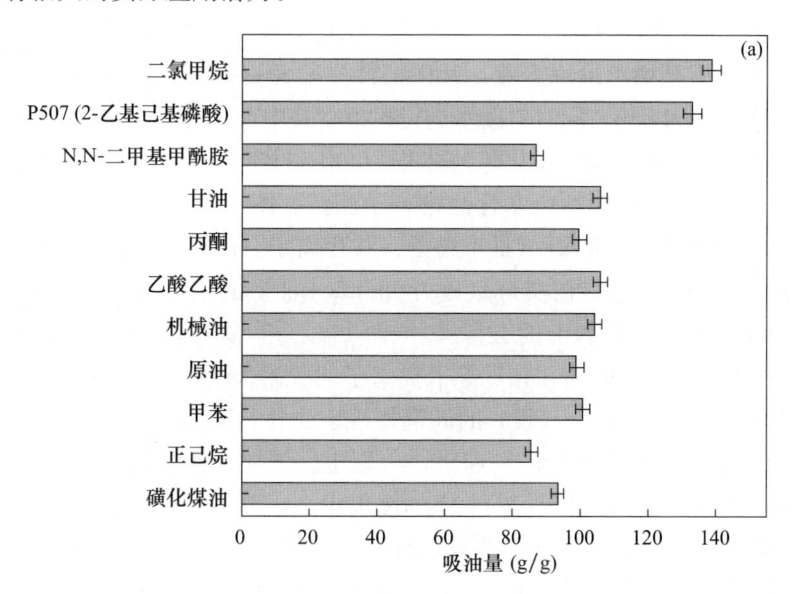

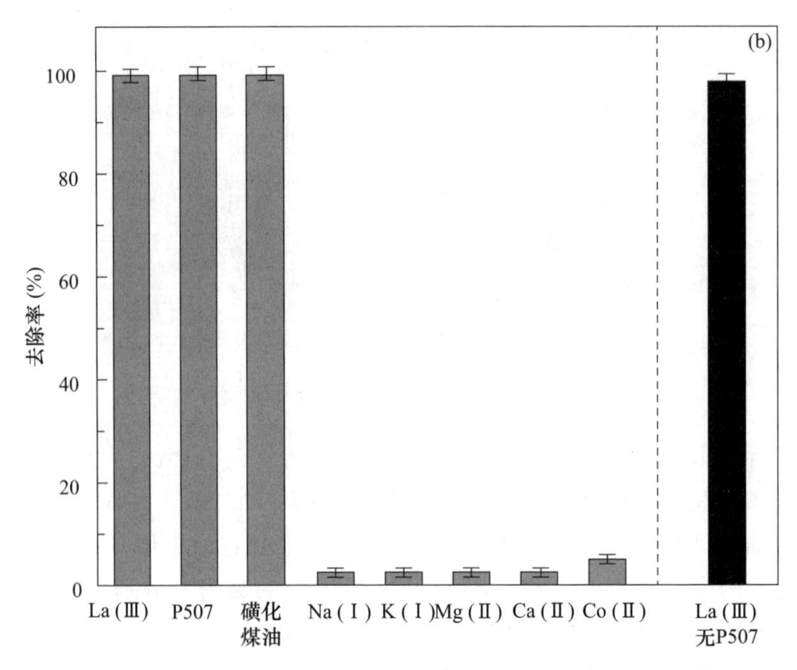

图 6-10　(a) PA-CS-IIA-2 对各种化学溶剂和油脂的吸收能力；
(b) PA-CS-IIA-2 对 La（Ⅲ）、共存离子、P507 和磺化煤油的去除效率

6.3.5 离子印迹腈纶/壳聚糖复合气凝胶从实际废水中捕获 La（Ⅲ）

所有上述结果鼓励探索制备的 PA-CS-IIA-2 在与其他干扰离子共存的情况下选择性捕获 La（Ⅲ），并同时从实际废水中去除环境水平的有机污染物。实际废水收集自江西省某稀土冶炼企业，其详细特征见表 6-6。在进行吸附试验前，将废水的 pH 调整为 5.5。同时对废水进行模拟，其中 La（Ⅲ）浓度为 1mg/L，各干扰离子浓度为 10mg/L，磺化煤油体积为 5μL，P507 浓度为 10mg/L。为了比较，还对不含 P507 的模拟废水样品进行了测试。图 6-10（b）为吸附剂用量为 1mg 时，PA-CS-IIA-2 对 La（Ⅲ）离子、共存离子、P507 和磺化煤油的去除效率。可见，PA-CS-IIA-2 在实际废水中对 La（Ⅲ）的去除率高达 99.2%，与 PA-CS-IIA-2 在去离子水中的去除率（99.4%）相当。对 Na（Ⅰ）、K（Ⅰ）、Mg（Ⅱ）、Ca（Ⅱ）和 Co（Ⅱ）等干扰离子的吸附能力可以忽略不计，进一步证实了 PA-CS-IIA-2 对 La（Ⅲ）的高选择性。此外，PA-CS-IIA-2 对 P507 和磺化煤油的去除率分别达到 99.7%和 99.3%以上。更加有趣的是，如图 6—10（b）右侧所示，PA-CS-IIA-2 对不含 P507 的废水中 La（Ⅲ）的去除率（98.2%）低于含 P507 的废水，说明在真实的废水环境中，P507 对 La（Ⅲ）的吸附有积极作用，可能是因为吸附在 PA-CS-IIA-2 上的 P507 为 La（Ⅲ）离子提供了额外的

吸附位。总体结果表明，PA-CS-IIA-2 在选择性捕获 La（Ⅲ）和同时去除实际废水中的油方面具有很大的应用潜力。

表 6-6 江西污水的组成

指标	浓度（mg/L）
碱度	1354
DO	3.2
tCOD	135
TP	5.51
sCOD	27
TSS	151
TKN	34
TAN	14.5

6.4 本章小结

综上所述，成功制备了具有两亲性和增强抗菌性能的绿色多功能 PA 功能化离子印迹 CSA，用于 La（Ⅲ）的选择性回收和油水分离。得到的 PA-CS-IIA-2 对 La（Ⅲ）具有良好的吸附容量（平衡吸附容量为 114.6mg/g）、高选择性和快速吸附速率（在 40min 内达到吸附平衡）。此外，PA-CS-IIA-2 对 La（Ⅲ）的吸附符合 Langmuir 等温线和准二阶动力学模型。此外，PA-CS-IIA-2 对有机溶剂和油脂也表现出较高的吸附能力。此外，经过多次循环后，PA-CS-IIA-2 仍保持良好的 La（Ⅲ）吸附和油水分离能力。同时，引入气凝胶的 PA 作为三功能组分，使 PA-CS-IIA-2 的抗菌能力显著提高。值得注意的是，PA 很容易从 WAFs 中制备，使其成为制备新材料的具有成本效益的候选材料，符合可持续发展要求。因此，本研究不仅证明了 PA-CS-IIA-2 在复杂工业废水处理中具有良好的实际应用前景，而且促进了利用废弃聚合物和可再生自然资源制备多功能材料的广泛应用。

参考文献

［1］ CAO Y，SHAO P，CHEN Y，et al. A critical review of the recovery of rare earth elements from wastewater by algae for resources recycling technologies［J］. Resour Conserv Recycl，2021，169:105519.

［2］ NEVES H P，FERREIRA G M D，FERREIRA G M D，et al. Liquid-liquid extraction of rare earth elements using systems that are more environmentally friendly: Advances, challenges and perspectives [J]. Sep Purif Technol, 2022, 282:120064.

[3] YAO Y, FARAC N F, AZIMI G. Supercritical fluid extraction of rare earth elements from nickel metal hydride battery [J]. ACS Sustainable Chem Eng, 2018, 6:1417-1426.

[4] HAN G C, JING H M, ZHANG W J, et al. Effects of lanthanum nitrate on behavioral disorder, neuronal damage and gene expression in different developmental stages of Caenorhabditis elegans [J]. Toxicology, 2022, 465:153012.

[5] TOLBA A A, MOHAMADY S I, HUSSIN S S, et al. Synthesis and characterization of poly (carboxymethyl) -cellulose for enhanced La (Ⅲ) sorption [J]. Carbohydr Polym, 2017, 157:1809-1820.

[6] JIANG F, YIN S, SRINIVASAKANNAN C, et al. Separation of lanthanum and cerium from chloride medium in presence of complexing agent along with EHEHPA (P507) in a serpentine microreactor [J]. Chem Eng J, 2018, 334:2208-2214.

[7] YIN S, CHEN K, SRINIVASAKANNAN C, et al. Microfluidic solvent extraction of Ce (Ⅲ) and Pr (Ⅲ) from a chloride solution using EHEHPA (P507) in a serpentine microreactor [J]. Hydrometallurgy, 2018, 175:266-272.

[8] HE X, ZHENG C, SUI X, et al. Biological damage to Sprague-Dawley rats by excessive anions contaminated groundwater from rare earth metals tailings pond seepage [J]. J Cleaner Prod, 2018, 185:523-532.

[9] WANG Z, SU J, ALI A, et al. Chitosan and carboxymethyl chitosan mimic biomineralization and promote microbially induced calcium precipitation [J]. Carbohydr Polym, 2022, 287:119335.

[10] BESSBOUSSE H, RHLALOU T, VERCHERE J F, et al. Removal of heavy metal ions from aqueous solutions by filtration with a novel complexing membrane containing poly (ethyleneimine) in a poly (vinyl alcohol) matrix [J]. J Membr Sci, 2008, 307: 249-259.

[11] CHEN Q, TANG Z, LI H, et al. An electron-scale comparative study on the adsorption of six divalent heavy metal cations on $MnFe_2O_4$@CAC hybrid: experimental and DFT investigations [J]. Chem Eng J, 2020, 381:122656.

[12] SUTRISNA P D, KURNIA K A, SIAGIAN U W, et al. Membrane fouling and fouling mitigation in oil-water separation: A review [J]. J Environ Chem Eng, 2022, 10:107532.

[13] ZHA J, HUANG Y, ZHU Z, et al. Dynamic transformations of metals in the burning solid matter during combustion of heavy metal contaminated biomass [J]. ACS Sustainable Chem Eng, 2021, 9:7063-7073.

[14] LI Z, CHANG P H, JIANG W T. Mechanisms of Cu^{2+}, triethylenetetramine (TETA), and Cu-TETA sorption on rectorite and its use for metal removal via metal-TETA complexation [J]. J Hazard Mater, 2019, 373:187-196.

[15] SHAHROKHI-SHAHRAKI R, BENALLY C, EL-DIN M G, et al. High efficiency removal of heavy metals using tire-derived activated carbon vs commercial activated car-

bon: Insights into the adsorption mechanisms [J]. Chemosphere, 2021, 264:128455.

[16] XU G R, AN Z H, XU K, et al. Metal organic framework (MOF) -based micro/nanoscaled materials for heavy metal ions removal: The cutting-edge study on designs, synthesis, and applications [J]. Coord Chem Rev, 2021, 427:213554.

[17] MOUSA H M, FAHMY H S, ALI G A, et al. Membranes for oil/water separation: a review [J]. Adv Mater Interfaces, 2022, 9:2200557.

[18] WANG Y, MA L, XU F, et al. Ternary ZIF-67/MXene/CNF aerogels for enhanced photocatalytic TBBPA degradation via peroxymonosulfate activation [J]. Carbohydr Polym, 2022, 298:120100.

[19] GAO C, WANG X L, AN Q D, et al. Synergistic preparation of modified alginate aerogel with melamine/chitosan for efficiently selective adsorption of lead ions [J]. Carbohydr Polym, 2021, 256:117564.

[20] WEI Y, SALIH K A, HAMZA M F, et al. Novel phosphonate-functionalized composite sorbent for the recovery of lanthanum (Ⅲ) and terbium (Ⅲ) from synthetic solutions and ore leachate [J]. Chem Eng J, 2021, 424:130500.

[21] ZHOU Y, GAO Y, WANG H, et al. Versatile 3D reduced graphene oxide/poly (aminophosphonic acid) aerogel derived from waste acrylic fibers as an efficient adsorbent for water purification [J]. Sci Total Environ, 2021, 776:145973.

[22] YUAN G, TU H, LIU J, et al. A novel ion-imprinted polymer induced by the glycylglycine modified metal-organic framework for the selective removal of Co (Ⅱ) from aqueous solutions [J]. Chem Eng J, 2018, 333:280-288.

[23] LIU E, SHI J, LIN X, et al. Rational fabrication of a new ionic imprinted carboxymethyl chitosan-based sponge for efficient selective adsorption of Gd (Ⅲ) [J]. RSC Adv, 2022, 12:3097-3107.

[24] MANIKANDAN S, KARMEGAM N, SUBBAIYA R, et al. Emerging nanostructured innovative materials as adsorbents in wastewater treatment [J]. Bioresour Technol, 2021, 320:124394.

[25] WANG Q, TIAN Y, KONG L, et al. A novel 3D superelastic polyethyleneimine functionalized chitosan aerogels for selective removal of Cr (Ⅵ) from aqueous solution: Performance and mechanisms [J]. Chem Eng J, 2021, 425:131722.

[26] WANG L, ERASQUIN U J, ZHAO M, et al. Stability, antimicrobial activity, and cytotoxicity of poly (amidoamine) dendrimers on titanium substrates [J]. ACS Appl Mater Interfaces, 2011, 3:2885-2894.

[27] SHI S, LI B, QIAN Y, et al. A simple and universal strategy to construct robust and anti-biofouling amidoxime aerogels for enhanced uranium extraction from seawater [J]. Chem Eng J, 2020, 397:125337.

[28] LI N, YUE Q, GAO B, et al. Magnetic graphene oxide functionalized by poly dimethyl diallyl ammonium chloride for efficient removal of Cr (Ⅵ) [J]. J Taiwan Inst Chem E,

2018, 91:499-506.

[29] ZHANG J, AZAM M S, SHI C, et al. Poly (acrylic acid) functionalized magnetic graphene oxide nanocomposite for removal of methylene blue [J]. RSC Adv, 2015, 5 (41):32272-32282.

[30] MOORTHY M S, TAPASWI P K, PARK S S, et al. Ionimprinted mesoporous silica hybrids for selective recognition of target metal ions [J]. Micropor Mesopor Mat, 2013, 180:162-171.

[31] QIN L, ZHAO Y, WANG L, et al. Preparation of ion-imprinted montmorillonite nanosheets/chitosan gel beads for selective recovery of Cu (Ⅱ) from wastewater [J]. Chemosphere, 2020, 252:126560.

[32] WANG Y, ZHU L, SONG Y, et al. Novel chitosan-based ions imprinted bio-adsorbent for enhanced adsorption of gallium (Ⅲ) in acidic solution [J]. J Mol Liq, 2020, 320:114413.

[33] KAUR P, KAUR P, KAUR K. Adsorptive removal of imazethapyr and imazamox from aqueous solution using modified rice husk [J]. J Cleaner Prod, 2020, 244:118699.

[34] GUO D M, AN Q D, XIAO Z Y, et al. Efficient removal of Pb (Ⅱ), Cr (Ⅵ) and organic dyes by polydopamine modified chitosan aerogels [J]. Carbohydr Polym, 2018, 202:306-314.

[35] LIUDVINAVICIUTE D, RUTKAITE R, BENDORAITIENE J, et al. Thermogravimetric analysis of caffeic and rosmarinic acid containing chitosan complexes [J]. Carbohydr Polym, 2019, 222:115003.

[36] MULEY A B, LADOLE M R, SUPRASANNA P, et al. Intensification in biological properties of chitosan after γ-irradiation [J]. Int J Biol Macromol, 2019, 131:435-444.

7 结论与展望

7.1 结论

相比传统的吸附剂，纤维基吸附剂具有比表面积大、易回收、吸附速度快等诸多优点，在水体污染物吸附领域有广阔的应用前景。尤其是天然纤维基吸附材料，凭借环境友好、可循环再生的特性在水处理应用中表现出极大的优势。

本书介绍了多种复合材料的制备方法、基本性质以及复合材料去除重金属机理和油水分离机理。具体为：微波辅助合成离子印迹聚丙烯腈纤维吸附剂、UiO-66/聚酯织物复合膜、改性废棉织物吸附剂、EDTA-UiO-66-NH_2/CFC 复合材料和离子印迹壳聚糖气凝胶在废水处理方面，尤其是重金属离子方面有广泛的应用前景，合成得到了高效、绿色、操作简单的复合材料。合理地运用不同的等温线模型和动力学模型，讨论吸附剂去除重金属离子的理论情况，优化重金属的吸附参数和最大吸附量，除了高吸附能力之外，合成了多功能、环保、经济、绿色、具有优良的可回收性、有利于污水处理的新型吸附剂。

7.2 展望

纤维基功能材料作为一种重要的高分子材料，已在石油开采、生物医学、电化学领域得到了广泛应用。近年来，油水分离、气体分离与提纯、重金属离子吸附、有机污染物分离领域的研究进展显示出纤维基吸附剂的巨大应用价值和潜力。科研人员根据水体污染物种类的不同，设计出多种纤维基吸附材料的制备路径。目前虽然已经在小试层面上成功制备出具有广泛或选择吸附能力的纳米纤维膜、填料和常规纤维，但仍存在不足：

(1) 最优吸附条件相对苛刻，难以直接应用；

(2) 吸附容量及吸附效率有待进一步提高；

(3) 应用时会出现不易回收的问题，且存在二次污染的风险。

因此，纤维基吸附材料应从以下几个方面继续开展研究：

(1) 系统研究改性制备方法，从单一改性向多种改性的复合方式转化，制备高吸附容量、高选择性和可再生的纤维基吸附材料；

（2）优化制备工艺条件，降低制备成本；

（3）有效解决制备过程的污染和二次污染问题；

（4）加快推进纤维基吸附材料的工业化。

相比传统的吸附剂，纤维基吸附剂具有诸多优点，在水体污染物吸附领域有广阔的应用前景。然而，纤维基吸附剂要实现大规模的工业应用，还存在不少问题需要解决，如制备过于复杂，很多制备方法仅停留在实验室中；此外，纤维吸附剂在复杂环境中的吸附机理也有待揭示。因此，下一步应该重点对纤维复合材料的合成方法进行优化，从而进一步拓展纤维基吸附剂的应用范围。另外，随着传统资源的日益枯竭以及环保压力的不断加大，建议后续开展高效、环保的解吸剂及废弃吸附剂高值化循环利用相关工艺的研究。